海洋管道工程

张兆德　白兴兰　李　磊　编著

内容提要

本书深入系统地介绍了海洋管道设计的基本理论及海底管道的施工方法。全书分8章，内容包括：海底管道系统的工艺设计、海底管道的环境载荷、海底管道的结构设计与强度计算、海底管道的稳定性分析、海底管道的安装与施工、海洋立管、海底管道的检测、维修与防腐等。

本书可作为高等院校船舶与海洋工程专业、海洋工程与技术专业及相关专业本科生或研究生教材，也可供海洋工程领域科技工作者和工程技术人员参考。

图书在版编目(CIP)数据

海洋管道工程/张兆德，白兴兰，李磊编著.—上海：上海交通大学出版社，2018

ISBN 978-7-313-20389-2

Ⅰ.①海… Ⅱ.①张…②白…③李… Ⅲ.①水下管道—海底铺管—管道工程 Ⅳ.①P756.2

中国版本图书馆CIP数据核字(2018)第248179号

海洋管道工程

编　　著：张兆德　白兴兰　李　磊

出版发行：上海交通大学出版社　　地　　址：上海市番禺路951号

邮政编码：200030　　电　　话：021-64071208

出 版 人：谈　毅

印　　刷：虎彩印艺股份有限公司　　经　　销：全国新华书店

开　　本：787×1092mm　1/16　　印　　张：11.5

字　　数：228千字

版　　次：2018年11月第1版　　印　　次：2018年11月第1次印制

书　　号：ISBN 978-7-313-20389-2/P

定　　价：78.00元

前 言

海底管道是海上油气田开发过程中的重要设施。它可以实现海上油、气、水的输运，具有不受风浪流环境因素的影响和运行成本低等特点。传统的海底管道联接各类海洋平台及陆上设施，实现海上油气田的连续生产；近20年以来，逐步兴起的水下生产系统更是利用海底管道将水下井口与水下处理装置及岸上设施相联接，使得整个系统可以不受海洋恶劣环境的影响。海底管道系统是一项涉及多门学科的复杂工程。近年来，国内外油气田开发工程中不断有距离更长、水深更大、口径更粗的海底管道工程建成。随着我国海洋石油开发逐步走向深海，也将对国内海底管道工程的设计、施工技术、科学实验研究、工程建设检验法规以及人才培养等方面提出更高的要求。

本书的目的是了解海底管道的型式与构造，系统掌握海底管道设计的基本理论和基本方法，了解海底管道安装与施工方法。本书重点介绍了不同型式的海底管道在设计过程中要考虑的静力学和动力学问题；并着重分析了海底管道的强度及稳定性设计；特别介绍了立管的结构型式及涡激振动问题；并结合工程实际，阐述了海底管道的检测与维修技术。

本书的特色首先是系统地介绍了海底管道从规划设计到施工及检测维修等整个运行过程中的技术问题，特别是针对管道设计与施工中的力学问题进行了深入的讨论，并在书中加入了海底管道施工和管道内检测的国内外最新进展。本书的创新之处为提出了在管道和立管设计中利用不同计算软件进行人工迭代的计算方法；并提出将小波变换方法应用于海底管道内检测。

全书共八章，其中第一章、第二章由李磊编著，第三章至第五章由白兴兰编著，第六章至第八章由张兆德编著。

本书在编写过程中得到了大家的支持与帮助，在此表示衷心感谢。由于时间仓促和编著者的水平有限，书中存在的不足之处，诚望广大读者批评指正。

张兆德

2017 年 4 月

目　录

第1章　绪　论

1.1　海洋管道工程的发展

海洋管道是指敷设在水下或埋于海底一定深度的输送石油、天然气或水等的管道，它是海上油气田开发中油气传输的主要方式。

管道运输是继铁路运输、公路运输、水上运输和航空运输之后的一种重要的运输方式。在石油工业中，油（气）输送绝大部分采用管道。其中海上油田的油、气、水的集输和储运，一般是通过海底管道来完成的。

管道运输有着明显的优点。①运输的连续性。管道运输可连续不断地进行，减少中间转运环节；②管道运输可以不占用地面面积，一般不受海上环境条件的影响。由于管道运输是密闭的，它几乎可以不受风浪、水深、地形、海况等条件的影响；③建成后的营运成本低。据资料统计，管道运输原油每吨每千米的成本，只为海运的1/2、铁路运输的1/4，其能源消耗只为海运的1/4、铁路运输的1/3。在事故率方面，公路运输最高，铁路、水运次之，管道运输事故的概率最低。

同时，海洋管道运输也有明显的缺点。①海上施工成本高、一次性投资大；②维修成本高，由于管道处于海底，所以检查、维修、管理都不方便，一旦出事故，修复工程比较复杂。

近年来，海洋管道工程的发展非常快。世界上第一条商业化运营的海底管道于1954年由美国Brown-Root公司在墨西哥湾铺设成功。它是一条直径254mm（10in）、长16km、有水泥包裹的天然气管道，水深在4～10m之间。世界上第一艘专门建造的铺管船也是由Brown-Root公司于1958年建造。1961年，第一艘卷管式铺管驳建成；1975年第一艘卷管式铺管船建成。1998年荷兰的一家公司还提出了水平面内螺旋管的概念。到现在为止，世界各国铺设的海底管道总长度已达十几万千米，最大管径达

1422mm(56in)以上,最大铺设水深超过1000m。

我国海洋管道运输起步较晚,但发展速度很快。1985年我国渤海湾按国际标准建成了第一条埕北油田海底输油管道。我国南海西部和东部也铺设了多条海底管道,1994年建成南海崖13-1气田一条通往香港的788km长、管径711.2mm(28in)的海底输气管道以及一条通往海南岛的92km长、管径356mm(14in)的海底输气管道。1999年在我国东海平湖气田也建成了通往上海的400km长、管径406mm(16in)的海底输气管道。2005年在舟山册子岛到宁波镇海建成了36km长的海底输油管道。到目前为止,我国总共建成60多条长距离海底管道,总长超过4000km。随着我国海洋石油工业的蓬勃发展、原油的进口,特别是未来南中国海的石油开发,将会有更多、更长、更深的大口径海底管道工程。同时也将对我国海底管道工程的设计、施工技术、科学实验研究、工程建设检验法规以及人才培养等方面提出更高的要求。

1.2 海洋管道工程的规划

海洋管道工程规划要了解海上油气区域的海底地质构造、地球物理、水文气象、油气资源以及实际生产能力等情况,在研究设计各种油田开发方案时,作为集输方案的一部分而进行规划。海洋油气集输的方法很多,是否选用海底管道方式,要在各种方案进行技术经济评估后才能确定。

海洋管道工程规划的主要内容是:根据油田开发方案中所拟定的生产系统,即井位布置、平台、海底井口和陆上设施的位置以及被输送介质种类(油、气、水)的特性和日输送量,再根据海区的工程地质、水文气象和登陆点的位置等,初步选择所要铺设的海底管道的类型、轴线的位置以及各类管道的长度、管径、结构型式、施工方法和工程进度计划,估算投资额、作业费、维护管理及运行费,计算整个工程的造价,从而对工程进行决策。

海洋管道的类型通常按其使用范围分为4类:①出流管,它是连接井口的管汇与平台之间的管道,靠地下油气层的压力输送介质,它通常是直径102～254mm(4～10in)的油气输油管道,也可以是一组管束。②集油管,是连接平台与平台之间的管道或管束,管内介质(油或油、气)靠泵或压缩机加压流动,工作压力一般为6.9～9.7MPa,管径为203～406mm(8～16in)。③长输管道,又称干管,其作用是将海上油气输送到岸上,管径一般为406～1016mm(16～40in)。④装卸管道,是连接平台或海底管汇与装油设施之间的管道,管径有大有小,大的为762～1422mm(30～56in),小的与出流管相当,通常只输送液态油类，这类管道也可以从岸敷设到海上装卸终端。

海洋管道工程规划中重要的一环就是管道线路的选择，它是工程中所有问题的综合抉择，体现了工程主体的优劣态势，决定整个工程的成败，所以必须慎重选择。

1.3 海洋管道工程的重要术语

海洋管道工程中常用重要术语释义如下：

1.海洋管道系统

用于输送石油、天然气或水的海底管道工程设施的所有组成部分，包括海底管道、立管、支撑构件、管道附件、防腐系统及附件、配重层及稳定系统、泄漏监测系统、加热系统、压力与温度测量系统、报警系统、应急关闭系统和与其相关的全部海底装置。

2.海底管道

在最大潮汐期间，海底管道系统中，全部或部分位于水面以下的管道(包括与岸上连接的管段)。海底管道也称作海洋管道。

3.立管

连接海底井口与海洋平台之间的管段。

4.管道附件

与管道或立管组装成一个整体系统的零部件，如弯头、法兰、三通、阀件和固定卡等。

5.一区与二区

一区：距生产平台或海上建筑物500m以外的海床地段。

二区：距生产平台或海上建筑物500m以内的海床地段。

6.设计高/低水位

在有潮位历史累积资料时，设计高/低水位可采用历史累积频率1%/历史累积频率98%的潮位，也可采用高潮(潮峰)累积频率10%/低潮(潮谷)累积频率90%的潮位。

7.重现期

按照波浪长期统计分布规律进行计算，再次出现某一给定的波高、风速、流速等更为严重情况所需的概率平均年数。

8.校核高/低水位

重现期为50年或100年一遇的高/低潮位。

9.飞溅区

以高天文潮位加上100年一遇波高的2/3为上限,以低天文潮位减去100年一遇波高的1/3为下限的海平面高度区间。

10.淹没区

海洋飞溅区以下的区间,包括海水、海床和埋没带的区域。

11.大气区

海洋飞溅区以上的区域。

12.管道运行期(在位状态)

指管道安装完成后的状态,包括运行(正常运行与不正常运行)与维护(可以是停工)状态,但不包括检修状态。

13.管道安装期(施工状态)

指在全部安装完成前的各种状态,如铺设、拖曳、埋置、吊装、运输等,运行期中的检修状态也包括在内。

14.内压与设计内压

管道内压指管道内部的绝对压力值。设计内压指在正常流动状态下,管道内最大内压力与最小外压力之差。

15.外压与设计外压

管道外压指管道外部直接作用的绝对压力值。设计外压是指管道最大外压力与最小内压力之差。

16.试验压力

制造施工完成时,或者经过适当运行期后,施加于管道、容器和各种部件上的规定压力。

17.强度试验压力

为进行强度检验施加的数值大于试验压力,而持续时间较短的压力。

18.约束管道

受固定支座或管道与土壤之间摩擦力的约束,而在轴向不能膨胀或收缩的管道。

19.非约束管道

最多有一个固定支架,没有相应轴向约束、没有显著轴向摩擦力的管道。

20.整体屈曲与局部屈曲

整体屈曲指沿管道长度方向的屈曲模式;局部屈曲指沿管道的径向而发生的横截

面变形屈曲。

21.腐蚀裕量

在设计阶段为补偿在运行过程中由于腐蚀而使管壁(内、外)变薄而增加的管壁厚度。

22.设计寿命

设备或系统从最初安装或使用到永久性停产的时间周期。原设计寿命可经重新评估后予以延长。

23.静水压力试验

在钢管厂进行的静水压强度试验。

24.极限状态

超出这个状态结构物就不再满足使用要求。对海底管道有以下相关极限状态:

SLS—— 操作极限状态;

ULS——极端极限状态;

FLS—— 疲劳极限状态;

ALS——偶然极限状态。

25.名义外径

规定的管子外直径,即应是真实外径。

26.名义管壁厚

规定的管子无腐蚀壁厚,它等于最小的壁厚加上制造公差。

27.不圆度

钢管圆周与圆的偏差。可用椭圆(%)或局部不圆度,即扁率(mm)表示。

28.设计压力

管道正常运行期间最大的内压,该压力要指明在设计管道或管道段的哪一高度上。设计压力必须考虑所有流量范围内的稳流状态以及在使用恒定设计压力的管道或管段上可能的堵塞和关闭条件。

29.负浮力

管道的负浮力也称为下沉力,是指单位长度管道在水中的重力。它等于单位长度管道在空气中的重力减去其在海水中的浮力。

30.管道设计比率

管道设计比率为管道在空气中单位长度的重力与浮力之比。

1.4 海洋管道工程的设计内容

海洋管道工程设计的最根本要求，就是在一定的设计条件下，保证管道能安全、高效地完成海洋油气输送，在使用期中保证管道在设计环境条件下安全运转，在施工安装中保证管道能经受各种施工外载荷的作用。

海洋管道工程设计的主要内容包括如下几个方面：

(1)论证并确定管道设计的基础数据。基础数据包括环境条件数据和工艺条件数据，环境条件数据主要指管道的设计水深、潮位、风、波浪、海流、冰凌、地基土、地震、温度和海生物等情况，并合理确定其设计标准；工艺条件数据指所输送介质的流速、密度、黏度、凝固点、出口压力、温度以及服役年限等。

(2)对管道路线进行设计及综合优化。确定海底管道线路的一般原则为：①要满足生产工艺和总体规划的要求。②使线路的起点至终点的距离尽量短而且合理。③线路力求平直，避免跨越深沟或较大起伏的礁石区，且所选海底力求平坦，无活动断层、较弱滑动土层和严重冲刷或淤积。④避开繁忙航道、水产捕捞和船舶抛锚区。⑤海底管道的干管与海底障碍的水平距离一般不小于 500m，距其他管道或海底电缆不小于 30m。交叉时，其垂直距离不小于 30cm。⑥登陆管道的登陆上岸地点极为重要，它与岸坡地质地貌、风浪袭击方位、陆地占地面积和施工条件等因素有关。根据以上原则，结合具体工程情况做出合理的设计。

(3)管道工艺设计计算。其目的是选择合理的管径及其附属材料，使其既能满足输送量的要求，又使能量的损耗不大，也就是流速和压降的损失都合适。根据输送介质的不同，可分为单相油(或气)的输送和油气两相混输。对高黏度、高凝点的油品，因流动时的压力、温度都有变化，有时会影响流动甚至造成堵管事故。为改善输送条件，需将油加热到较高的温度，并对管道进行保温，进行热油输送，这时流动原油的压降不但和流速有关，还和温度变化后引起的介质黏度变化有关，所以还要进行管道的温降计算，以确定输送时初始需要加热的温度和中途需要加热的程度以及加热站的布置。

(4)管道的稳定性设计。其目的是使管道在使用期间基本保持在原位，假若管道发生较大的上升、下沉或侧向移动，会影响管道系统的安全运转。管道稳定性丧失是由于外力引起的管道与环境之间平衡的破坏，所以要从长期运转的角度出发，进行满足这一平衡的管道稳定性设计，采取各种工程措施保证管道的稳定性。

(5)立管设计。浅海立管的设计主要是立管和膨胀弯的结构型式、布置、保护结构和联接方式的设计,立管系统整体强度的分析计算以及立管系统的施工安装方法和施工中的强度分析计算。深海立管的设计要考虑立管布放的形式、平台的运动特性及海洋环境条件,对端点预张力、立管结构静强度、立管与平台运动耦合下的动强度以及立管涡激振动及疲劳等问题进行分析与设计。

(6)管道的施工设计。主要是根据施工现场和管道的具体情况,选定管道施工方法,设计管道的加工、焊接、开沟、铺设,管段的联接和就位、埋置等施工步骤,分析完成这些步骤所需的设备、材料和人力,研究管道在施工中的受力和稳定性情况,同时根据工期安排施工进度,并做出工程预算。

(7)管道的防腐设计。目的是控制管道的腐蚀,设计减缓内、外腐蚀的具体方法。

综之,海洋管道设计工作的具体流程如图 1-1 所示。

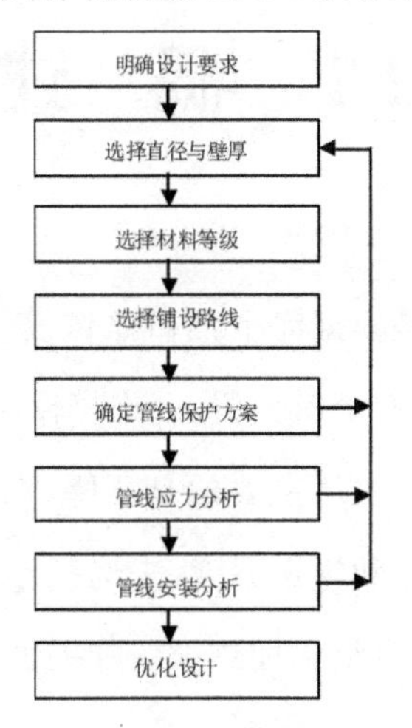

图 1-1 海洋管道设计流程

思考题

(1)海洋管道系统包括哪些部分?

(2)海洋管道系统设计的要求有哪些?

(3)海洋管道工程规划的依据和内容有哪些?

(4)海洋管道系统的主要设计内容有哪些?

第 2 章　海底管道系统的工艺设计

2.1　概　述

海底管道系统的工艺设计是根据海上油田总体设计规划中确定的工艺流程，对管道系统进行压降与温降计算、段塞上流分析、允许停输时间、再启动分析、注水注剂计算等一系列的工艺计算与分析。其中最主要的是压降、温降所必需的水力计算和热力计算。其目的是根据最大输送流量和输送温度，来选择合理管径和管断面型式，并计算压力及沿线温降等，同时为选择泵机组和加热设备等提供必要的技术参数，也为后续的管道结构强度计算与设计提供基础。

根据海底管道输送的介质不同，可以有单相油输送、单相气体输送和油气二相混输送状态。

海底管道管径确定的主要依据是流量，同时也要考虑流速和压降，它们和输送的介质(如黏度、天然气含量等)有关，确定管径的准则是：

(1)按使用期的最大流量计算。一般取最大流量的 1.2～1.5 倍。

(2)管道内的压降应包括各种管道附件如阀、弯头和三通等引起的压降。计算时，通常用一段当量压降的管长代替。有时在海底管道系统初选时因各类管附件类型、数目不太齐全，初步计算中应将管道计算长度增大 5%～15%(对长距离管道，取值可以小些)。表 2-1 为不同管径管道各种附件的当量压降管长度值。

表 2-1　不同管径管道上各种附件的当量压降管长度值

管径		球心阀球型单向阀/m	角阀/m	插板式单向阀/m	旋阀闸阀球阀/m	45°弯头/m	小曲径弯头/m	大曲径弯头/m	T形支管/m
/in	/mm								
6	152.4	66.7	33.3	16	1.3	1.3	3.7	2.7	9.3
8	203.2	86.7	41.7	21.3	2	2	5	3	12.3
10	254	110	53.3	26.7	2.3	2.3	6	4	15.7
12	304.8	133	63.3	31.7	3	3	7.3	4.7	18.3
14	355.6	150	70	35	3.3	3.3	8.7	5.3	20.7
16	406.4	166.7	80	40	3.7	3.7	9.7	6	24
18	467.2	183	93.3	46.7	4	4	11	6.7	27.3
20	508	216.7	100	51.7	4.7	4.7	12	7.7	30
22	558.8	229	111.7	56.7	5	5	13.3	8.3	33.3
24	609.6	250	123.3	61.7	5.3	5.3	14.7	9	36.7

(3)计算出的管径要依工程实际情况做出必要的调整,使管径规范化。如果管道内径取得小,管道本身的费用低,但管内的摩擦损失大,就要增加输送压力和泵的容量,使输送的营运费增加。相反,管道内径取得大,管道本身的费用虽然增加,但输送的营运费可减少。因此,应在强度条件许可的情况下,选取管道的最佳内径,使管道本身费用与输送营运费用之和为最小。

一般在长距离输油管道中,若采用高压油泵则可选小的内径,若采用低压油泵则应选大的内径。选取管道内径时,应根据管道内石油的流动状态(层流还是紊流)考虑管路的摩阻损失。同时,由于原油内含有天然气,当原油在管道内流经一定距离后而压力不足或者管道内径大而流量足时,天然气会从原油中释出,形成油气两相流动,甚至在管内汇集成一大段天然气团把管内原油流动隔断,使得管路中的压头损失增大,原油从管道出口端断断续续流出,时而喷气时而出油,形成所谓“涌流”现象,因此在长距离输油的海底管道设计中,不应选比设计流量所要求的内径大很多的管径,以避免涌流现象。

表 2-2 为俄罗斯输油管道的技术指标。

表 2-2 输油管道的技术指标

原油管道			成品油管道		
管外径 /mm	压力 /MPa	输送能力 /10^4(t/a)	管外径 /mm	压力 /MPa	输送能力 /10^4(t/a)
530	5.4～5.5	600～800	219	9.0～10.0	70～90
630	5.2～6.2	1000～1200	273	7.5～8.5	130～150
720	5.0～6.0	1400～1800	325	6.7～7.5	180～230
820	5.0～6.0	2200～2600	377	5.6～6.5	250～320
920	4.8～5.8	3200～3600	426	5.5～6.5	350～480
1020	4.5～5.6	4200～5000	530	5.5～6.5	650～850
1220	4.4～5.4	7000～7800			

用于海底管道的钢管一般采用无缝钢管或直接焊接钢管。当钢管直径不大时可采用碳素钢、碳锰钢和低合金钢的钢管；直径大时可采用高强度钢、合金钢钢管，例如美国石油学会的 API 5LX 规格的 X52、X56、X60、X70 等级的钢管。一般来说，所采用的钢材应具有足够的强度、延性、韧性和抗腐蚀性，而且易于焊接。API 5LX 型钢材最为合适，一般常用 X52 与 X56 等级，API 5LX52 的力学性能为：抗拉强度 455MPa；屈服强度 359MPa；延伸率 25%。

近年来，海底管道工艺设计普遍使用计算机模拟进行分析，如美国的 PIPESIM 软件、PIPEPHASE 软件和加拿大的 PIPEFLOW 等软件。这些软件中均汇编了多种计算方法以及一些修正系数、参考数据库等供设计者选择。

2.2　等温输送管道的工艺计算

对于低黏度、低凝固点的油或沿线温降很小的热油管道，在工程上都可称为等温输送管道。这类管道的工艺计算，是以一般输送过程的水力计算为主。

2.2.1　单相输油管道

对于单相输油管道，在输送最大流量时，为了减小通过控制阀前的油中气体因压力突降而分离或闪蒸，流速不应超过 3m/s；而为了不使流动油液中的砂粒或其他固粒淤积管内，实际流速也不应小于 1m/s。

对于等温输油管道进行水力计算时，由给定的正常输油量 Q 和大致选定的平均液速 V(可采用经济流速参考值，如表 2-3 所示)，由式 $D_i=1.128\sqrt{\frac{Q}{V}}$ 初步选定一个或几个管内径。

表 2-3　管路中油流(或气流)的经济流速参考值

油品运动黏度/(mm/s)	平均流速/(m/s)	
	吸入管路	排出管路
1～12	1.5	3.5～2.5
12～28	1.3	2.5～2.0
28～72	1.2	2.0～1.5
72～146	1.1	1.5～1.2
146～438	1.0	1.2～1.1
438～977	0.8	1.1～1.0
压缩性气体	8～20	
饱和蒸汽	30～40	
橡胶软管	一般 6～9，极限 13～15	

有了流量 Q、流速 V、管内径 D_i，再根据输送油品的特性和条件(黏度、温度等)以及管路内部的油流流态，即可进行水力计算，计算后，取压降最小的内径作为设计管径。计算 ΔP 时可采用以下两种方法。

1.用管道水力学方法计算

管道在等温输送时的压降 ΔP(即摩阻损失 h)为沿程摩阻损失 h_L 和管道上局部摩阻损失 h_g 之和，即 $\Delta P=h=h_L+h_g$。

(1)沿程摩阻损失为：

$$h_L=\lambda\frac{L}{D_i}\frac{\overline{V}^2}{2g}(\mathrm{m}) \tag{2-1}$$

式中，L——管道计算长度(m)；

D_i——管道内径(m)；

$\overline{V}$——管路内油流平均流速(m/s)；

g——重力加速度($\mathrm{m/s^2}$)；

λ——水力摩阻系数，与管路内油流的流态有关，由雷诺数 Re 以下列方法确定。

管路内油流的液态，用 Re 的大小表示时可分为三种流态：层流、紊流和介于两者之间的过渡状态。

在紊流状态中再根据 Re 的大小和管路内壁粗糙度，又可细分为紊流阻力光滑区、紊流混合摩阻区和紊流阻力平方区。

$$Re=\frac{VD_i}{v}$$

式中，v 为管路中油流的运动粘度，单位为 m^2/s。

管路内油流的液态是紊流，管壁相对粗糙度 ε 对水力摩阻系数 λ 的影响很大。$\varepsilon=2e/D_i$，其中 D_i 是管子内径，e 是管壁的绝对当量粗糙度。绝对当量粗糙 e 值如表2-4 所示。

表 2-4　各种管路的绝对当量粗糙度

管路种类	e/mm	管路种类	e/mm
新无缝钢管	0.05～0.15	旧直缝焊接钢管	0.15～0.35
旧无缝钢管	0.10～0.30	橡胶软管	0.01～0.03
新直缝焊接钢管	0.12～0.20		

紊流状态时，水力摩阻系数 $\lambda=f(Re,\varepsilon)$。不同液态的水力摩阻系数 λ 值，如表2-5所示。

表 2-5　不同流态下的水力摩阻系数 λ 值

流态		划分范围	$\lambda=f(Re,\varepsilon)$
层流		$R_e<2000$	$\lambda=64/Re$
紊流	阻力光滑区	$3000<Re<Re_1=\frac{59.5}{\varepsilon 8/7}$	$\frac{1}{\sqrt{\lambda}}=21\text{g}\frac{Re\sqrt{\lambda}}{2.51}$，当 $Re<10^5$，$\lambda=\frac{0.3164}{Re^{0.25}}$
	混合摩阻区	$Re<Re_1<Re_2$	$\frac{1}{\sqrt{\lambda}}=-1.8\lg\left[\frac{6.8}{Re}+\left(\frac{\varepsilon}{7.4}\right)^{1.18}\right]$
紊流	阻力平方区	$Re>Re_1=\frac{665-765\lg\varepsilon}{\varepsilon}$	$\lambda=\frac{1}{(1.74-2\lg\varepsilon)^2}$

注：① Re 为 2000～3000 时，按 $\lambda=0.3164/Re^{0.25}$ 计算；

②水力光滑区的 λ 计算公式，还可采用 $\frac{1}{\sqrt{\lambda}}=1.8\lg Re-1.53$；

③混合摩阻区的 λ 计算公式，还可采用 $\lambda=0.11\left(\frac{68}{Re}+\varepsilon\right)^{0.25}$。

这样，有了不同情况下油流液态的 λ 值，直接利用式(2-1)即可求出管道沿程摩阻损失 h_L。

(2)局部摩阻损失为：

$$h_g=\lambda\sum\left(\frac{L_D}{D_i}\right)\frac{\overline{V}^2}{2g}$$

$$\text{或 } h_g=\lambda\sum\zeta\frac{\overline{V}^2}{2g} \tag{2-2}$$

式中，L_D——管路计算当量长度(m)；

ζ——管件局部摩阻系数；

其余符号同式(2-1)。

如果管路上的一个管件的局部摩阻损失时，由式(2-2)可得出：$\zeta=\lambda\dfrac{L_D}{D_i}$，则

$$L_D=\zeta\frac{D_i}{\lambda} \tag{2-3}$$

式中，ζ——对应于某一管件的局部摩阻系数；

L_D——对应各类管件的当量长度，即某一管件的局部摩阻损失相当于管径直管段沿程摩阻损失的长度；

D_i——管子内径；

λ——水力摩阻系数。

在紊流状态下，测得的各类管件的局部摩阻系数和$\dfrac{L_D}{D_i}$值，如表 2-6 所示。

表 2-6　部分管件局部摩阻系数 ζ 及对应的$\dfrac{L_D}{D_i}$值

序号	管件名称	ζ	$\dfrac{L_D}{D_i}$	序号	管件名称	ζ	$\dfrac{L_D}{D_i}$
1	弯管的弯头 $R=D$	0.5	20	14	转心阀	0.5	23
2	弯管的弯头 $R=(2\sim8)D$	0.25	10	15	逆止阀(止回阀)	1.5	7.5
3	45°焊接弯头	0.3	14	16	带过滤网逆止阀	4.0	160
4	90°单折焊接弯头	1.3	60	17	n 型补偿器	2.0	90
5	90°双折焊接弯头	0.65	30	18	波纹补偿器	0.3	14
6	通过三通	0.04	2	19	轻油过滤器	1.7	77
7	通过三通	0.1	4.5	20	重油过滤器	2.2	100
8	通过三通	0.4	18	21	流量计	10—15	460—690
9	转弯三通	1.3	60	22	全启式安全阀(全开)	4.0	160
10	转弯三通	2.7	136	23	无保险门油罐出口	0.5	23
11	转弯三通	0.9	40	24	有保险门油罐出口	0.9	40
12	闸板阀	0.45	18	25	有起落管油罐出口	2.0	100
13	截止阀	7.0	320	26	球心阀($D\geqslant50$)	7.0	320

如果管路油流状态是层流，应用表2-6中的ζ值时，应乘以系数φ，因为在紊流时的ζ值与雷诺数Re无关，而在层流时的ζ值与雷诺数Re有关，所以，层流时管件的局部摩阻系数应为$\zeta_0=\varphi\zeta$，φ与Re的关系如表2-7所示。

表2-7　层流状态的φ值

Re	φ	Re	φ	Re	φ
200	4.2	1200	3.12	2400	2.26
400	3.81	1400	3.01	2600	2.12
600	3.51	1600	2.95	2800	1.98
800	3.37	2000	2.90		
1000	3.22	2200	2.84		

2.用美国石油学会中的公式计算

由给定的设计流量Q，可选多种管道内径D_i，以满足管道的平均流速$\overline{V}$在0.914～3.05m/s的范围。

如选定内径为D_i的管子，当通过流量Q时，则管内液体平均流速$\overline{V}$的计算用下式：

$$\overline{V}=\frac{1.282Q}{D_i^{\ 2}} \tag{2-4}$$

式中，$\overline{V}$——液体平均流速(m/s)；

Q——液体流量(m^3/s)；

D_i——管道内径(m)。

如计算出的$\overline{V}$在0.914～3.05m/s内，但在D_i和Q流动时所产生的压降ΔP不一定是最小的。所以，可以在符合流速0.914～3.05m/s的各D_i中计算出压降ΔP最小的那个D_i作为设计管径。ΔP的计算可用下式：

$$\Delta P=\frac{0.001494fQ^2S}{D_i^{\ 5}} \tag{2-5}$$

式中，ΔP——压降(Pa/m)；

f——摩阻系数，无量纲；

Q——液体流量(m^3/s)；

S——所输液体与水的相对密度，无量纲；

D_i——管道内径(m)。

管道中的摩阻系数f是雷诺数Re和管内表面粗糙度e的函数。其中：

$$Re=\frac{\rho D_i\overline{V}}{\mu}$$

$$R_1=\frac{D_i\overline{V}}{v} \tag{2-6}$$

式中，R_e——雷诺数；

ρ——管内液体的密度；

D_i——管道内径；

$\overline{V}$——平均流速；

μ——液体动力黏度；

v——液体运动粘度，$v=\frac{\mu}{\rho}$。

2.2.2　单相输气管道

一般输气管道铺设在平坦地段，管道沿线地形起伏变化不大，并假定：

(1)气体在管路内作稳定流动，即气体的重量流量不变。

(2)气体在管路内作高温流动。

(3)气体在管路内的水力摩阻系数为常数。

对单相气体管道，其管径大小按允许的压降来定，此压降是考虑到输气设备投资及操作费用后确定的。对不同工作压力的管道，其允许压降不同，如表 2-8 所示。

表 2-8　不同工作压力时的允许压降

工作压力(表压力)/kPa	允许压降/(Pa /m)
0～689	11.15～42.98
696～3447	45.28～110.9
3451～13788	113.2～271.3

气体管道内的压降可按下式计算：

$$\Delta P=7.276\times10^4\ \frac{S_g LfTQ_N{}^2}{PD_i{}^2}(\mathrm{Pa/m}) \tag{2-7}$$

$$f=\frac{0.06279}{\left(\frac{D_i V p_N}{\mu_N}\right)}+0.0025 \tag{2-8}$$

$$\overline{V}=\frac{2.873Q_N T}{D_i{}^2 P}$$

式中，S_g——所输气体与空气的相对密度，无量纲；

L——输气管的当量管道长度(m)；

T——气流平均温度，列氏测试(°R)；

Q_N——气流量，在 101kPa 和 60°F 状态下的体积流量值(m^3/s)；

P——输送压力(绝对压力)(Pa)；

D_i——管道内径(m)；

f——摩阻系数；

$\overline{V}$——气流平均速度(m/s)；

p_N——在输送压力及温度下的气体密度(实测值)(kg/m^3)；

μ_N——要输送压力及温度下的气体黏度(实测值)(cp)。

显然，符合允许压降的管径有多种，要从工程实际出发，确定所要取的管径。各种管径输气管能承受的极限工作压力和每日大致能输送的气量，如表 2-9 所示。

表 2-9　输气管管径与输气量

管径×壁厚/mm	σ_s=226MPa		σ_s=255 MPa	
	极限工作/kPa	输气量/($10^3 m^3$/d)	极限工作压力/kPa	输气量/($10^3 m^3$/d)
159×4.5	8100	300	—	—
219×6	8100	700	—	—
325×6	5670	1400	7190	1800
426×6	4360	2200	5470	2800
478×6	3850	2600	5170	3400
529×7	4050	3600	4960	4700
630×7	3440	4800	4360	6200
720×8	3440	6900	4360	8900
820×8	3040	8600	3850	11000
920×8	2630	10000	3340	13000
1020×8	2430	12000	3040	15000
1220×8	2030	16000	2530	20000

在输气管道中，当气体中有足够的水蒸气，即气体和水蒸气混合物中的水蒸气压大于水化物的蒸气压时，管道中就可能形成和存在水化物。水化物的存在，会影响输气管道的正常运输。为防止在输气管道中形成水化物，常采取以下措施：

(1)降低输气管道的压力，在可能形成水化物的地段设置支管，暂时将部分气体放空(在海底段这样做有困难，可以放在平台或登陆点附近)，降低输气管道压力，阻止水化物的形成，此方法虽然操作简单迅速，不影响管道连续输气，但是气体损失较多。

(2)加热输气管，即提高气体温度来阻止水化物的形成，但由于加热会使管道绝缘层破坏，所以一般不常采用，仅用为预防措施，用于集气管网。

(3)往输气管道中加入反应剂，最常用的反应剂是甲醇，因为甲醇的蒸气可与水蒸气形成溶液，使水蒸气变为凝析液，而且甲醇能吸收大量水分，使已形成的水化物分解或防止其产生。但在使用甲醇时，必须有排水设施将凝析液排出。为了往管道中加入甲醇，还须设置类似用来往输气管道中加入添加剂的装置。

2.3　热油输送管道的工艺计算

2.3.1　热油输送管道的特点

输送高黏度、高凝点原油时，因流动时的压力、温度变化，会发生影响流动甚至原油在管道内凝固的事故。为改善这种原油的输送条件，需将原油加热到一定的温度，并对管道进行保温，使油温始终处于该油品凝固点以上，防止原油在管路内凝固；同时在较高的温度下还可降低油流的黏度，以减少管路系统输送时的摩阻损失，降低泵压和能量消耗，便于输送。对于海底输油管道，防止油品在管道内凝固是特别重要的，一旦出现油品凝固现象，管道就可能阻塞，严重时存在管道报废的危险。

热油沿管道输送时，由于油流的温度高于管道周围介质（大气、海水或海底土壤）的温度，这时原油所携带的热量将不断散失到管道周围介质中，这就造成了热油输送管道不同于等温输送管道。热油输送管道在输送过程中的能耗有热能损失和压力能损失两部分。这两部分损失是相互影响的，因为管道的摩阻与油流黏度有关，而油流的黏度会随油流本身的温度变化。油流温度既取决于预先加热的温度，也取决于油流在输送过程中的散热温降情况，对热油管道来说，热能损失起着主导作用。因此，进行热油管道的工艺计算，实质是解决对输送油流的加热与沿线散热的平衡问题。对于热油管道，往往要通过在管路入口和管路中间对油流加热，以减少管路沿线热能损失来解决。

2.3.2　热油管道的温降计算

热油管道的沿线温降，是由于热油管路内油流与周围介质之间温差的热交换引起的。所以，热油输送时两者之间温差越大，散失的热能越多。由于在热油输送时油流温度在不断下降，所以如何选择经济合理的油流入口温度或决定中间加热站的位置和加热温度，就必须了解热油管道沿线的温降变化规律。

在长 L 的管道内，要使油流顺利输送，管道内的油流从管道入口处温度为 t_1 到出口处温度为 t 时都应保持油的流动性。如管道周围的介质温度为 t_0，管内油流至周围介质的总传热系数为 K，管道内径为 D_i，输送油流的质量流量为 G，油的比热为 c，管道沿程的油温变化如下所述：

设在离管道入口 l 处往前取一长度为 $\mathrm{d}l$ 的微管段，当管内油流流到此处时，温度

降为 t，油流温度与周围介质温差为 $t-t_0$，因此，长度为 dl 的微管段中，单位时间内往周围介质散失的热量为 $K\pi D_i \mathrm{d}l(t-t_0)$。经过 d$l$ 这一微段距离后，油流温度又降低 dt。在稳定传热过程中，如不考虑油流的摩擦热，则油流放出的热量为 $Gc\,\mathrm{d}t$。dl 微管段内的热平衡关系为：

$$K\pi D_i \mathrm{d}l(t-t_0) = -Gc\,\mathrm{d}t \tag{2-9}$$

这里等式右边出现负号，是因为 dl 与 dt 的符号相反。将上式用分离变量法积分可得热油管路沿线的温降关系式为：

$$\int_0^L K\pi D_i \mathrm{d}l = \int_{t_1}^{t_2} -Gc\frac{\mathrm{d}t}{t-t_0} \tag{2-10}$$

$$\ln\frac{t_1-t_0}{t_2-t_0} = \frac{K\pi D_i L}{Gc}$$

即

$$\frac{t_1-t_0}{t_2-t_0} = \mathrm{e}^{\frac{K\pi D_i}{Gc}L} \tag{2-11}$$

可推

$$t_2 = t_0 + (t_1-t_0)\mathrm{e}^{\frac{-K\pi D_i}{Gc}L} \tag{2-12}$$

令

$$\frac{K\pi D_i}{Gc} = \alpha$$

则上式为

$$t_2 = t_0 + (t_1-t_0)\mathrm{e}^{-\alpha L} \tag{2-13}$$

式中，t_1——管路入中油温(K)；

t_2——管路末端面油温(K)；

t_0——周围介质温度(K)；

L——热油管道长度(m)；

K——管路的总传热系数 [W/(m^2 · K)J/(m^2 · h · K)]；

D——管道内径(m)；

G——油流的质量流量(kg/h)；

c——油的比热 [J/(kg · K)]；

α——(温降)指数。

上面的式(2-12)即为热油管路沿线温降的表达式。

当 G、c、K、D_i、t_1、t_0 一定时，给出不同的 L 可得热油管路的温降曲线，如图 2-1 所示。

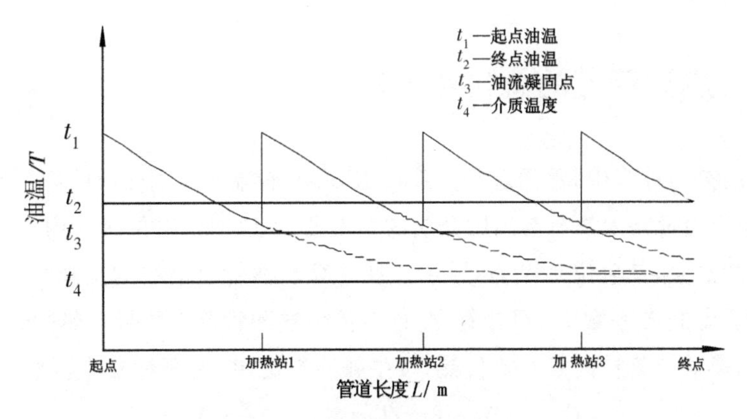

图 2-1　热油管路的温降曲线

式(2-12)和图 2-1 温降曲线表明：在管路两端之间的管路沿线，各处的温度梯度不同；在管路入口端油温较高，油流与周围介质的温差大，温降快，而在管路中，由于油流温度低，油流的温度与周围介质之间的温差小，温降慢得多。因此，过多的提高管路入口(或加热站出口)的油温，以求提高管路末端的油温，不仅收效不大，而且不经济。

温降公式(2-12)是在热油管道的设计、管理中应用最多的计算式，在设计时可用于：

(1)当 G、K、D_i、t_0 及 t_1、t_2 一定时，确定加热站的间距 L_c。

(2)在加热站间距 L_c 已定的情况下，当 K、G、D 及 t_0 一定时，确定保持要求的终点温度 t_2 所必需的加热站出口温度 t_1。

(3)当 K、D 及 t_0 一定时，在加热站间距 L_c 加热站的最高出口油温 $t_{1\max}$ 和允许的最低终点温度(即下一站的进站温度) $t_{2\min}$ 已定的情况下，确定热油管路的允许最小输送量 $G_{\min}$。

$$G_{\min}=\frac{K\pi D_i L_c}{c\ln\dfrac{t_{1\max}-t_0}{t_{2\min}-t_0}} \tag{2-14}$$

(4)运行时反算实际的总传热系数 K，以判断管路的散热及结蜡情况。

$$K=\frac{Gc}{\pi D_i L_c}\ln\frac{t_1-t_0}{t_2-t_0} \tag{2-15}$$

需要指出，上述核算只适用于输送量及油温都稳定的情况，因为式(2-11)是由稳定传热的热平衡关系导出的，并认为总传热系数 K 是常数，不随其他参数变化。

对于管道埋泥面以下，当输送量和油温变化时，由于泥面下温度场的重新分布和趋于稳定的过程较慢，按式(2-15)计算某段管路的 K 值是随时间变化的。

上述温降的基本公式没有考虑管内油流摩擦生热对温降的影响，也没有计入含蜡原油降温时析蜡的影响，故只适用于流速低、温降大、摩擦热影响较小的情况。通常热油管道沿线温降计算，很少考虑管路内摩擦热的转化，可由式(2-12)进行计算。

2.3.3 热油管道的总传热系数

在管路的热力计算中，常用总传热系数 K 表示油流向周围介质的散热情况。总传热系数 K 是指当管路内油流与周围介质的温度差为 1℃时，单位时间内通过单位传热表面所传递的热量，其单位是 $W/m^2 \cdot K$。在计算热油管道沿线的温降时，正确地确定 K 值是关键。总传热系数 K，可按管内、外对流传热和管壁上传导传热的过程来计算。

在管内，热油与管壁间是对流传热，按牛顿冷却定律，局部对流传热速率为：

$$Q=\alpha S\Delta t=2\pi r_1 L\alpha(t_1-t_2) \quad (W) \tag{2-16}$$

式中，α——油流向管壁的放热系数($W/m^2 \cdot K$)；

S 与流体接触的传热面积(m^2)；

Δt——流体与传热壁面间的温差(K)；

r_1——管子的内半径(m)；

L——管道计算长度(m)；

t_1——油流温度(K)；

t_2——管内壁温度(K)。

在钢管壁、保温层、加重层、土壤内的传热是固体间的热传导，按傅里叶热传导定律，通过等温度表面的导热速率为：

$$Q=-\lambda S\frac{\partial t}{\partial n} \tag{2-17}$$

式中，λ——固体的导热系数($W/m \cdot K$)；

S——导热面积(m^2)；

$\frac{\partial t}{\partial n}$——传热方向的温度梯度(K/m)。

对于管道传热，因传热面积随半径变化，同时温度也随半径改变，设管道内半径为 r_1，外半径为 r_2，长为 L 的一段管道，在 r_1 处温度为 t_1，r_2 的外温度为 t_2，且 $t_1>t_2$。取一半径为 r、厚度为 dr 的薄壁管道，其传热面积可认为是 $2\pi rL$，薄壁内外侧温度变化为 dt，即温度梯度为$\frac{dt}{dr}$，由式(2-17)则通过管壁的传热速率为：

$$Q=-\lambda(2\pi rL)\frac{dt}{dr} \ (W)$$

用分离变量法积分上式为：

$$\frac{Q}{2\pi rL}\int_{r_2}^{r_2}\frac{dr}{r}=-\int_{t_1}^{t_2}dt$$

$$\frac{Q}{2\pi rL}\ln\frac{r_2}{r_1}=t_1-t_2$$

$$Q=2\pi rL\frac{t_1-t_2}{\ln\frac{r_2}{r_1}} \tag{2-18}$$

热油管道的热量从油流传给钢管，再传过保温层、加重层，传递给周围介质（土壤、海水或空气等），传热速率恒定。

设管道平均半径为 $\bar{r}$；$\bar{D}$ 为平均直径；a_1 为油流向管内壁的放热系数，a_n 为管外壁向周围的介质的放热系数；λ_i 为管道各层材料的导热系数；r_1 为钢管（内管）的半径；r_i 和 $r_{i+1}(i=1,2,\cdots,n)$ 依次为内管、保温层、外管、加重层等管子的内半径和外半径；t_1 为管内油流温度；t_0 为外部周围介质温度。则传热速率为：

$$Q=\frac{t_1-t_2}{\frac{1}{2\pi r_1 La_1}}=\frac{t_2-t_3}{\frac{1}{2\pi\lambda_1 L}\ln\frac{r_2}{r_1}}=\frac{t_3-t_4}{\frac{1}{2\pi\lambda_2 L}\ln\frac{r_3}{r_2}}=\cdots=\frac{t_n-t_0}{\frac{1}{2\pi r_n La_n}}$$

$$=\frac{\mathrm{t_1-t_0}}{\frac{1}{2\pi r_1 La_1}+\frac{1}{2\pi\lambda_1 L}\ln\frac{r_2}{r_1}+\frac{1}{2\pi\lambda_2 L}\ln\frac{r_3}{r_2}+\cdots+\frac{1}{2\pi r_n La_n}}$$

$$=\frac{t_1-t_0}{\frac{1}{2\pi L\bar{r}}\left(\frac{\bar{r}}{r_1a_1}+\frac{\bar{r}}{\lambda_1}\ln\frac{r_2}{r_1}+\frac{\bar{r}}{\lambda_2}\ln\frac{r_3}{r_2}+\cdots+\frac{\bar{r}}{r_na_n}\right)}$$

$$=K\cdot 2\pi\bar{r}L(t_1-t_0)$$

可见，总传热系数为：

$$K=\frac{1}{\frac{\bar{r}}{r_1a_1}+\frac{\bar{r}}{\lambda_1}\ln\frac{r_2}{r_1}+\frac{\bar{r}}{\lambda_2}\ln\frac{r_3}{r_2}+\cdots+\frac{\bar{r}}{r_na_n}}$$

$$=\frac{1}{\frac{\bar{r}}{r_1a_1}+\sum_{i=1}^{n}\frac{\bar{r}}{\lambda_i}\ln\frac{r_{i+1}}{r_i}+\frac{\bar{r}}{r_na_n}}$$

$$=\frac{1}{\bar{r}\left(\frac{1}{r_1a_1}+\sum_{i=1}^{n}\frac{1}{\lambda_i}\ln\frac{r_{i+1}}{r_i}+\frac{1}{r_na_n}\right)}$$

为了计算方便，把 $\frac{1}{K\pi\bar{D}}=R$ 叫热阻，即

$$R=\frac{1}{2\pi}\left(\frac{1}{r_1a_1}+\sum\frac{n\frac{r_{i+1}}{r_i}}{\lambda_i}+\frac{1}{r_na_n}\right)\quad(\mathrm{m\cdot K/W}) \tag{2-19}$$

式(2-19)中各项分别称为油流热阻、钢管与保温层热阻及海水热阻。

在计算总传热系数 K 值时，应注意以下系数的选取。

(1)油流至管内壁的放热系数 a_1。放热强度决定于管内油的物理性质及流态。可用 a_1 与放热参数 N_n、自然对流参数 G_r 和流体物理性质参数 P_r 间的数字关系来表

示。一般来说，紊流状态下的 a_1 要比层流状态时大得多，通常都大于 116W/(m^2·K)，两者可能相差数10倍。因此，紊流时的 a_1 对总传热系数 K 的影响不大，可以忽略。而层流时的 a_1 则必须考虑。

(2)有关材料的导热系数 λ 值，如表2-10所示。

表2-10　有关材料的导热系数 λ 值(常温下)

材料名称	λ W/(m·K)	材料名称	λ W/(m·K)
碳素钢	46.52～69.78	蛭石成型制品	0.081～0.128
泡沫水泥	0.076	矿渣棉	0.047～0.070
不含水干土	0.138	橡胶制品	0.163～0.198
混凝土	1.279	泡沫塑料	0.028～0.041
玻璃棉	0.035～0.047	沥青	0.163～0.465

(3)在海底油气管道系统中，常有部分管段与橡胶软管连接。橡胶软管的热阻，由下式求得：

$$R_R=\frac{1}{2\pi}\left(\frac{1}{r_1\alpha_1}\frac{1}{\lambda_R}\ln\frac{r_0}{r_i}+\frac{1}{r_n\alpha_n}\right) \tag{2-20}$$

式中，r_i——橡胶软管的内半径(m)；

r_0——橡胶软管的外半径(m)；

α_1——油流向橡胶软管内表面的放热系数[W/(m^2·K)]；

λ_R——橡胶软管的导热系数[W/(m·K)]；

α_n——橡胶软管外壁向海水介质的放热系数[W/(m^2·K)]。

因 α_n 较大，一般大于232W/(m^2·K)，使括号内的第三项 $\left(\frac{1}{r_n\alpha_n}\right)\to 0$，故计算时可忽略此项。

总传热系数 K 值的确定，对管道沿线的温降有显著影响。因此，正确地选择总传热系数必须慎重。对于较长的热油管道，将根据管道穿越不同地段的周围介质条件，选不同 K 值分段计算，使之更接近于实际。

K 值的选用，可参照过去各地区、油田的经验值或实测值选用。

对埋地热油保温管道，包括埋在海底土中的热油管道，其 K 值多数为1.74～2.33 W/(m^2·K)。对于裸置在海底面上的双层保温管道，其 K 值与所处的潮流速度大小有关，一般为4.07～6.98W/(m^2·K)。

在管道设计初算时，对无保温层的单层管，其 K 值也可根据管道所处的周围介质条件选用下列数值：

埋放在干砂中：$K=1.16\mathrm{W/(m^2 \cdot K)}$。

埋放在微湿的黏土中 $K=1.40\sim1.74\mathrm{W/(m^2 \cdot K)}$。

埋放在极湿的黏土中 $K=3.49\mathrm{W/(m^2 \cdot K)}$。

裸放在水中或海底 $K=11.63\sim13.96\mathrm{W/(m^2 \cdot K)}$。

2.3.4　管道内热油的冷却与凝固

管道在输送易凝原油时，为防止原油在管道内凝固，必须保证油流温度始终高于原油凝固点的温度。

热油在管道内流动时，很少发生凝固现象。但是，管道系统因各种原因，如要给原油进行加热循环、倒换泵、管道扫线、管道系统维修保养甚至意外事故等，造成管路系统内油流处于停滞状态时间过长时管路原油就会发生凝固现象。因此，要确定管道的停输时间，以防原油管道凝堵。

为了确定管道的允许停输时间，需要对易凝的原油在管道中的冷却与凝固时间预先有个估算，使各种原因造成的停输时间不超过允许的停输时间。

原油在管道内冷却和凝固是两个不同的过程。原油冷却时，只是随着散热而降温，管内油流与管外介质的温差减小。当管内壁冷却至凝固点温度，原油开始在管壁处凝固。随着散热过程的持续，全部油温保持凝固点温度不变，凝固层逐渐加厚，直到整个管断面被凝油堵塞。

1.冷却过程

设管道刚停输时油温为 t_1，到油温降到凝固点温度 t_2，要多少时间呢？设在单元长管内的原油质量为 W、油的比热为 c，单元长管道本身质量为 W_1，比热为 c_1，管道周围温度为 t_0，管道的总传热系数为 K，管径为 D，则由管道输油时的降温规律可推知：此单元管内温差从 $\Delta t_1=t_1-t_0$ 降到 $\Delta t_2=t_2-t_0$ 放出的热量为 $(cW+c_1W_1)d\Delta t$；向周围介质的散热速率为 $K\pi D\Delta t$，将管道热量散失到温度 t_c 所需时间为 $\mathrm{d}\tau$，则可由上面的热平衡求得：

$$(cW+c_1W_1)\mathrm{d}\Delta t=-K\pi D\Delta t\mathrm{d}\tau \tag{2-21}$$

用分离变量法积分，Δt 从 Δt_1 到 Δt_2，$d\tau$ 从 0 到 τ_1，即

$$\int_0^{\tau_1}\mathrm{d}\tau=\frac{cW+c_1W_1}{K\pi D}\int_{\Delta t_1}^{\Delta t_2}\frac{\mathrm{d}(\Delta t)}{\Delta t}$$

得原油冷却至凝固点需要的时间为：

$$\tau = \frac{cW + c_1 W_1}{K\pi D} \ln \frac{t_1 - t_0}{t_2 - t_0} \quad (\mathrm{h}) \tag{2-22}$$

或

$$\tau_1 = R(cW + c_2 W_2) \ln \frac{t_1 - t_0}{t_c - t_0} \quad (\mathrm{h}) \tag{2-23}$$

其中 c 可近似地取为 2.1kJ/(kg・K)；c_1 可取 0.477kJ/(kg・K)。

一般因工艺及维修保养的允许停输时间$[\tau] \leqslant \tau_1$。

2.凝固过程

当油温降到凝固点后，如外界温度比凝固点低，而且停滞时间继续延长，这时凝油将从管内壁开始向管中心凝固，原油的凝固层逐渐向管中心加厚，一直到全断面凝固。在这个过程中，原油放出一部分热量就形成凝固油。

设凝固油厚度达$(r_1 - r_W)$，则它放出的潜热，即这部分凝固油的潜热是在固定的温差 $\Delta t = t_c - t_0$ 下，经过凝固热传导到外界，这时传导的距离随凝固油的厚度增加而增大，到凝固油的厚度达$(r_1 - r_m)$所需的时间

$$\tau = \frac{\rho U r_i^2}{4\lambda_w (t_c - t_0)} \left[1 - \left(\frac{r_w}{r_i}\right)^2 + \left(\frac{r_w}{r_i}\right)^2 \ln\left(\frac{r_w}{r_i}\right)^2 \right] \quad (\mathrm{h}) \tag{2-24}$$

式中，ρ——原油的密度($\mathrm{kg/m^3}$)；

U——原油凝固潜热(J/kg)，如表 2-11 所示；

λ_2——凝固油的导热系数，可取为 0.13～0.14W/(m・K)；

t_c——原油凝固点温度(℃)；

t_0——管道周围介质温度(℃)；

r_i——管内半径(m)；

r_w——管中心到凝油层内侧的半径(m)。

当 $r_w = 0$(全断面凝固)时

$$\tau_2 = \frac{\rho U r_i^2}{4\lambda_w (t_c - t_0)} \quad (\mathrm{h}) \tag{2-25}$$

表 2-11　原油凝固时释放的潜热

原油凝固点/℃	−25	0	25	50	75
U/(kJ/kg)	188410	200970	219810	228180	230270

利用式(2-23)和式(2-25)计算出的 τ_1 和 τ_2，往往与实际出入很大。这主要是由于管道内停滞原油在冷却与凝固过程中，管道结蜡和形成凝油层所致，这一现象使管壁热阻发生重大的变化，因此也影响到它的总传热系数。实际上，管壁热阻和它的总传热系数，在冷却与凝固过程中都是变量，随着管壁热阻的变大，总传热系数 K 在不断地减小。因此，决定管路的允许停输时间$[\tau]$，不只依赖于公式的计算结果，应更多地依赖于

实验测定的数据,并且考虑管路的重要性和停输造成管路全断面凝固的后果,全面综合地加以考虑。

2.3.5　热油管道的压降计算

热油管道的压降计算不同于等温输送的管道。主要特点有:①热油管道沿线单位长度上的压降是随沿线温度变化的一个不定值。因为热油沿管道流动过程中,温度不断降低,黏度不断增大,压降也就不断增大。因此,计算热油管道的压降时必须考虑管道沿线的温降情况及油品的粘温特性。即必须先作热力计算,确定沿线的温度变化及黏度变化,再在此基础上进行压降计算。②热油管道内的压降,应按每个加热站间管段进行分段计算,然后累加成为管道全线的总压降。③当管道内油流出现层流情况时,应考虑管道径向温差引起的附加压降。

下面介绍用等温管道的办法,将热油管道分段计算后再累加的近似计算法。计算步骤如下:

(1)先对热油管道进行热力计算,绘制出热油管道输送的沿线温降曲线。

(2)从管道的沿线温降曲线与输送原油的粘温特性,将管道内输送的油流液态分段。

(3)计算每一分段管道的平均温度。为了安全起见,一般不用算术平均值,而用下式:

$$\bar{t}_i=\frac{1}{3}t_{1i}+\frac{2}{3}t_{2i}\quad (℃) \tag{2-26}$$

式中,t_{1i},t_{2i}——管道计算段的起点和终点的油流平均温度;

$\bar{t}_i$——每一分段计算管道的平均温度。

由上式计算得到的平均温度 $\bar{t}_i$,从其粘温特性曲线上求得相应的平均黏度 $\bar{v}_i$,再根据 $\bar{v}_i$ 值来修正计算分段的油流雷诺数。

(4)按照各分段求得雷诺数不同,判别和划分管道液态。根据各段油流的流态,采用相应的水力摩阻系数的计算公式求得相应的 λ,并分段计算出各段的压降。应注意的是,在确定每一计算分段的长度时,t_{1i} 与 t_{2i} 之间不宜相差 3～5℃以上。

(5)在管道油流液态处于层流状态时应考虑径向温降对该段管压降的影响,因此,层流段管道的总压降为 $\sum \Delta P_i^1 \Delta r$,其中,$\Delta r$ 为考虑管道径向温降对压降影响的系数,通常取为 1.0～1.4。一般来说,在热油管道输送中,轴向沿线温降的影响是主要的。在紊流管段内，径向温降的影响不予考虑，但在层流管段内，径向温降也会引起附加的压降。径向温降在层流段内的附加压降的影响系数 Δr，与油品的粘温特性和管壁、油流的温差等因素有关。通常可按下面经验公式计算：

$$\Delta r=\left(\frac{\mu_w}{\mu_0}\right)^{0.25} \tag{2-27}$$

式中，μ_w——管壁温度下的油品动力黏度；

μ_0——油流平均温度下的油品动力黏度。

因此，整个热油管道的总压降为：

$$\Delta P_L=\sum\Delta P_i+\sum\Delta P_i^1\Delta r \tag{2-28}$$

式中，ΔP_L——热油管道总的压降；

$\sum\Delta P_i$——热油管道各紊流分段的压降之和；

$\sum\Delta P_i^1$——热油管道各层流分段的压降之和；

Δr——层流段考虑径向温降对压降的影响系数。

2.4 油气混输管道的水力计算

油气混输管道多为自喷井的出油管道。对于海上油田，除出油管道外，距岸较近的全陆式集输生产系统中多采用混输管道。油气混输管道水力计算的目的，是求出混输管道在一定输量下的压降，以便合理地确定管道直径等。

对于油气混输管道水力计算时的要求有：①水力计算所用的液量，应按油田开发所提供的采油量和正常的油气比。为了安全起见，还应乘以 1.15～1.30 的备用系数；②油气混输管道的输送能力，目前主要是靠井口回压。合理的回压应是既不影响油井正常生产，又能充分利用油井剩余压力增大输送能力、输量和输送距离。

为了减少油气分离成段产生的气体阻塞管道，要求最小流速为 3.05m/s。这时油气两相混输的压降：

$$\Delta P=\frac{0.0124W^2}{D_i^{\ 5}\rho_m} \tag{2-29}$$

$$W=4401Q_gS_g+3.6\times10^6Q_lS_l$$

$$\rho_m = \frac{4.504S_l\overline{P} + 0.00098RS_g\overline{P}}{\overline{P} + 194.8R\overline{T}}$$

式中，ΔP——压降(Pa/m)；

W——液气的总质量流量(kg/s)；

D_i——管道内径(m)；

ρ_m——在流动压力及温度下的油气混合物密度(kg/m^3)；

Q_g——气体流量(在 14.7psia 和 60°F 状态)(m^3/s)；

S_g——气体对空气的相对密度，无量纲；

Q_l——液体流量，(m^3/s)；

S_l——液体对水的相对密度，无量纲；

$\overline{P}$——输送时的平均压力(Pa)，对一段长管的输送压力可取入口压力和出口压力的平均值，即 $\overline{P}=\frac{1}{2}(P_1+P_2)$；

$\overline{T}$——输送时的平均温度(°R)，对一段长管的输送温度取$\frac{1}{3}$入口温度$+\frac{2}{3}$出口温度，即 $\overline{T}=\frac{1}{3}\overline{T}_1+\frac{2}{3}\overline{T}_2$；

R——气液体积比。

要选的 D_i，应使 ΔP 不超过输送起点压力的 10%，否则 ρ_m 不能保持恒定，将有气体窜流存在。

思考题

(1)在工艺计算时，确定管径的准则是什么？

(2)如何计算等温输油管道的压降？最终目的是什么？

(3)简述热油输送管道的特点。

(4)热油管道沿线温降曲线的作用是什么？

(5)如何计算海底管道各个组成部分的热阻？

(6)热油管道压降计算的特点和计算步骤是什么？

第 3 章　海底管道的环境载荷

3.1　概　述

海洋工程结构处在海洋环境中，承受风、波浪、海流、冰及地震等环境载荷的影响。在环境载荷的影响下，海底管道会发生不同方向的位移，当位移或变形增大到一定程度时，会引起管道功能的失效。

在工程中管道不可能是完全刚性的，管道在外载荷作用下会发生不同程度的变形和位移。某些位移是预料中的，如热膨胀、安装后的沉陷等。超出允许变形的标准是指：造成管壁或管件屈服、屈曲和疲劳破坏；引起管道防腐层磨损和混凝土加重层严重脱落；超过支撑结构允许的范围，使管道受损或支撑结构破坏或影响其他相邻海上设施（管道、平台、井口）的正常运转。

影响管道及相关构件的环境载荷因素主要有：风载荷、波浪载荷、流载荷、冰载荷、地震载荷、海床基础变形，锚、渔具和船舶作用载荷。

3.2　管道风力设计与计算

海底管道系统设计中暴露在空气中的管道会受到风力的作用。

3.2.1 风速和设计风速标准

风的重要特征是风速和风向。风速的标准包括设计风速的重现期和风速取值的大小。重现期指再次出现比给定的风速(波高或流速)等更为严重的情况所需的概率平均年数。《海底管道系统检验规范》规定:正常运转状态下应考虑不小于50年的重现期(有时考虑100年)。对短期作业如检修、安装等,尤其是可以在48h内结束或少于5天可以完成的作业,可根据天气预报来决定设计环境参数。

由于风速是变化的,所以设计风速的取值应取某观测时距平均值表示风速的数值;一次大风过程所取时距不同风速值也不同。目前世界各国对海上风速时距取法不一,有取3s、10s、1min、2min、3min、10min和1h等。时距长短不同,引出阵风风速、持续风速、稳定风速等不同名称。一般以秒计的为阵风风速,以分计的为持续风速,以小时计的为稳定风速。我国固定平台规范,规定要用1min时距平均的风速最大值来设计局部构件,用10min时距平均的风速最大值来设计总体结构。作为局部构件的立管,应以1min的设计风速值计算其上的基本风压,若考虑风载荷与波浪载荷组合,一般用1min持续风速;但当阵风风速比持续风速更为不利时,就要采用3s的设计风速与波浪载荷的组合。

3.2.2 标准风压和风力计算

风压是结构垂直于风向的平面上所受到的压强,风速 V 与风压的基本关系可从伯努利方程得出:

$$P+\frac{1}{2}\rho V^2=P_0 \tag{3-1}$$

其中 P 为静压,$\frac{1}{2}\rho V^2$ 为动压或速压,在气流运动中,这两部分可以相互转化,若外部不向气流做功,并忽略流动的摩擦损失,那么气流微团内此两种压能的总和应保持为常数 P_0,这实质表示气体微团流动时的能量守恒定律。

由空气密度 $\rho=\gamma/g$,改写式(3-1)可得动风压

$$W=P_0-P=\frac{1}{2g}\gamma V^2 \tag{3-2}$$

在标准大气压及常温15℃时,干燥空气的重度 $\gamma=12.255\text{N/m}^3$,纬度45°处重力加速度 g 为 9.8m/s^2,代入上式后得

$$P_0=V^2/16=0.613V^2(\mathrm{N/m^2})$$

式中，P_0——标准风压；

$\gamma/2g$——风压系数。

由于各地地理位置、海拔高度和多风季节不同，重力加速度 g 和空气重度 γ 不同。例如在南部沿海风压系数约为 1/17，北方沿海约为 1/16。

作用在立管上的风载荷为：

$$F=CK_2P_0A \tag{3-3}$$

式中，C——风载形状系数，其大小按规范取值；

K_2——海上风压沿高度变化系数，其大小按规范取值；

P_0——标准风压(MPa)；

A——垂直于风向的结构轮廓投影面积($\mathrm{m^2}$)。

3.2.3 风载荷的动力效应

暴露在大气中的管道系统，其风载荷除上述稳定风压以外，在某些情况下还要考虑其动力效应。主要有脉动风压引起的动力效应和涡泄引起的动力效应。

当管道结构的自振周期 $T\geqslant 0.5\mathrm{s}$ 时，动力效应就较敏感。受脉动风力作用的反应远较受稳定风力作用的强。通常用稳定风力 F 的 β 倍代替脉动风力来计算风载 $F(t)'$。

$$F(t)'=\beta F \tag{3-4}$$

其中，β——动力放大系数，亦称风振系数，可由表 3-1 查得。

表 3-1 风振系数 β

管道自振周期 T/s	0.5	1.0	1.5	2.0	3.5	5
β	1.45	1.55	1.62	1.65	1.70	1.75

稳定风速作用于管道时，可能引起气流的涡旋分离现象，对管道产生周期性的风力作用，引起管道涡激振动。沿风力方向的振动，称为纵向涡激振动，与风力方向垂直的振动，称为横向涡激振动。是否产生风的涡激振动，可由下述参数确定：

$$V_r=\frac{V}{fD} \tag{3-5}$$

式中，V_r——折算速度；

V——设计稳定风速；

f——管道的自振频率；

D——管道的外径。

通常，当 $1.7<V_r<3.2$ 时，产生纵向振动；当 $4.7<V_r<8.0$ 时，产生横向振动。所以，可以通常改变管道的设计来控制其振动，应当避免过大的振动。

3.3　管道波浪力的设计与计算

3.3.1　海底管道系统波浪载荷

波浪对海底管道系统的作用机理，与一般海洋工程结构一样，但又有其特点：

(1)用于长输或有登陆段的管道工程，从深水区到近岸区呈连续分布，不像平台、码头等工程用一种波浪理论，而要用几种波浪理论来解决波浪载荷问题。

(2)全部工程结构与海床的距离关系较大，对于埋放、裸放或支放的管道，其波浪载荷明显不同。

(3)管道沿长度方向的尺度远远大于宽度和高度方向的尺度，这种细长结构的柔度相当大，因此管道对波浪载荷很敏感。

(4)海底管道不可能沿其长度全部筑建人工基础，大部分结构总是与天然的海床接触，这样，波浪对海床作用所引起的变化——孔隙水压变化、砂土液化、海床冲蚀等将直接影响管道的稳定性。

(5)在波浪和海流作用下，流过管道的海水由于压差的变化，有尾流旋涡，引起管道振动。

3.3.2　管道系统波浪设计标准

1.重现期

管道正常运转时期(在位状态)，通常取 50 年一遇或 100 年一遇的波浪重现期。管道系统的 2 区(即与平台连接处，包括立管)取值与平台一致，当考虑波、流联合作用概率，而波浪是主要作用力时，则取波浪为 100 年重现期，海流为 10 年重现期；若海流是主要作用力时，则取波浪为 10 年重现期，海流为 100 重现期。

对于短期作业状态，如铺设、安装或维修等，其设计波浪的重现期应取该短期作用预定持续时间的 3 倍，但不得少于 2 个月，如我国渤海油铺管作业的波浪重现期取为

1年。

2.设计特征波高

在工程中对海面上出现的不同波高，常采用具有某种代表的统计波高作为设计波高。目前常用的有：

平均波高 $\overline{H}$，表示在统计波列中各个波高的算术平均值。

波列累积频率波高，如 $H_{1\%}$、$H_{5\%}$，…，$H_{1\%}$ 表示将1000个波，按波高大小依次排列后，其中第10个大波的波高，就是波列累积频率为1%的波高，$H_{5\%}$ 为1000个大小排列的第50个波高值。

在美、日等国家，常采用所谓某部分大波的平均波高，如：

百分之一大波平均波高 $H_{1/100\%}$，即把整个波列中的波高按大小顺序排列，分为100组，最大一组波高平均值为1/100大波平均波高。

十分之一大波平均波高 $H_{1/10\%}$，就是全部波列按大小顺序分为10组，最大的一组波高的平均值，即1/10大波平均波高。

三分之一大波平均波高 $H_{1/3}$，就是全部波列按大小顺序分为3组，最大一组波的波高平均值。由于这个波高的数值通常与目测的波高值很接近，所以常称之为**有效波高(或有义波高)**。

工程中除上述各种特征波外，还有最大波高 $H_{\max}$，它是指波列中最大的一个波高，与统计波列中波的总数 N 有关，N 愈大，$H_{\max}$ 愈趋近最大的可能值。

以上这些特征值都是由统计角度而得，它们之间存在如下联系：

$$H_{\max}=(1.6\sim2.0)H_{1/3}\text{（系数随波数 }T\text{ 而不同）}$$

对一项海洋工程，取哪一种统计特征作为设计特征波高，要根据对该海域海浪认识的可靠程度、设计方法的精度、结构的重要性及其失事后的破坏后果等因素来确定。在我国海区，海底管道系统工程的设计特征波高，规定采用最大波高可能值 $\mu(H_{\max})$ 的方法。

最大波高可能值 $\mu(H_{\max})$ 按下述选取：

对深水：

东海、南海 $\mu(H_{\max})=3.02\overline{H}$

$$\text{（相应波数 }N=2000\text{）}\tag{3-6}$$

黄海、渤海 $\mu(H_{\max})=(2.45\sim3.20)\overline{H}$

$$\text{（相应波数 }N=100\sim2000\text{）}\tag{3-7}$$

对浅水：

可用深水相应的波数，从表 3-2 查得比值$\frac{\mu(H_{max})}{\overline{H}}$，以确定最大波高的可能值$\mu(H_{max})$。

表 3-2　$\frac{\mu(H_{max})}{\overline{H}}$比值

N	H/D										
	0.00	0.05	0.10	0.15	0.20	0.25	0.30	0.35	0.41	0.45	0.50
10	1.78	1.745	1.705	1.670	1.635	1.600	1.565	1.530	1.495	1.46	1.420
20	2.01	1.955	1.900	1.845	1.795	1.745	1.690	1.640	1.590	1.540	1.490
50	2.270	2.195	2.120	2.050	1.980	1.920	1.850	1.780	1.785	1.65	1.58
100	2.45	2.360	2.270	2.190	2.110	2.030	1.950	1.870	1.795	1.72	1.65
200	2.62	2.52	2.415	2.320	2.220	2.130	2.035	1.950	1.860	1.770	1.690
500	2.830	2.710	2.950	2.480	2.370	2.260	2.155	2.050	1.955	1.860	1.770
1000	2.980	2.850	2.720	2.590	2.470	2.350	2.235	2.125	2.015	1.91	1.81
2000	3.12	2.902	2.820	2.685	2.556	2.425	2.305	2.190	1.075	1.96	1.85
5000	3.3	3.14	2.98	2.83	2.685	2.545	2.410	2.280	2.151	2.03	1.90

注：N 为波数；d 为水深(m)；$\overline{H}$ 为波高的平均值(m)。

3.设计波浪周期

应采用与某一重现期最大波高可能值 $\mu(H_{max})$对应的周期。尽管周期的概率分布要比波高的分布集中，但从结构产生最大应力的概率，设计波浪周期应从下述范围确定：

$$\sqrt{6.5\mu(H_{max})} < T < 20s \tag{3-8}$$

3.3.3　波浪对管道的作用力

浅海海底管道自海中通向岸边，或由海中某平台联接到海中另一平台。要考虑波浪对海底管道作用时，可根据沿管道水深、地形等变化，将浅海划分为三个区域。

(1)浅水区($0.5L > d > d_b$，d 为水深，d_b 为波浪破碎时的临界水深，L 为波长)，该区的波浪运动受海底地形的影响，但波浪不发生破碎。

(2)波浪破碎区($d < d_b$)，浅海的波浪向岸边推进时，到达临界水深 d_b 附近，由于波浪的相对波高 H/d 达到极值，波浪发生破碎。波浪破碎时消耗大量的波能，使波高降低，降低了的波高如能适应新的水深，破碎将持续。

(3)击岸区，波浪在岸坡上发生最终破碎，形成一股强烈的冲击海流，顺着岸上涌，上涌到一定高度后，再向海中回流。

海底管道与海底的接触关系有三种情况：①管道埋入海底土壤；②管道裸置在海底表面；③由于海底表面的凹凸不平或因海底管道周围的地基土壤的局部冲刷作用，管道与海底表面之间有一定的间隙。由于海底地基土壤的渗透性，使埋入的海底管道也受到波浪引起的渗流力作用，但是远远小于波浪直接作用在裸置海底表面上的管道的力。所以解决海底管道铺设时或铺设后的海底管道的稳定问题，首先要确定波浪对裸置的海底管道的作用力。

海底管道的直径 D 相对于波长 L 是较小的（$D/L \leqslant 0.2$），管道应为小尺度构件，所以波浪力计算采用 Morison 公式，如图 3-1 所示。

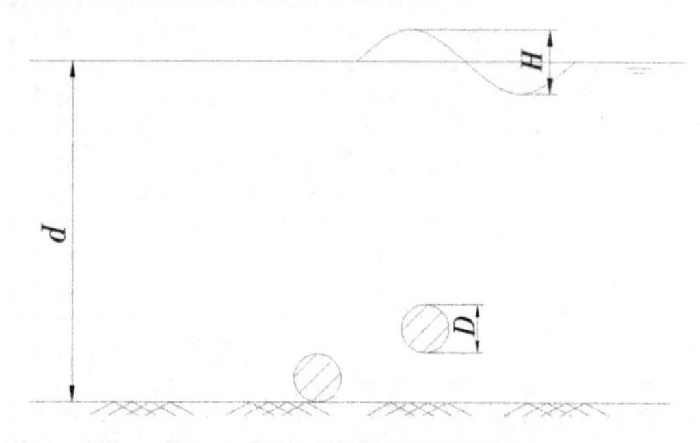

图 3-1　波浪对管道的作用力

（1）当水深 d 大于破碎水深 d_b、波浪未破碎时水平管道上的作用力。垂直于管道轴线作用在单位长度 $\mathrm{d}l$ 海底管道上的水平波浪力 $\mathrm{d}F_H$ 和垂直波浪力 $\mathrm{d}F_V$，分别为：

$$\mathrm{d}F_H = \mathrm{d}F_{DH} + \mathrm{d}F_{IH} = \frac{1}{2}C_D\rho D u_x |u_x| \mathrm{d}l + C_M\rho\,\frac{\pi D^2}{4}\frac{\partial u_x}{\partial t}\mathrm{d}l \tag{3-9}$$

$$\mathrm{d}F_V = \mathrm{d}F_{DV} + \mathrm{d}F_{IV} + \mathrm{d}F_L = \frac{1}{2}C_D\rho D u_z |u_z| \mathrm{d}l + C_M\rho\,\frac{\pi D^2}{4}\frac{\partial u_x}{\partial t}\mathrm{d}l + \frac{1}{2}C_L\rho D {u_x}^2 \mathrm{d}l \tag{3-10}$$

式中，$\mathrm{d}F_H$，$\mathrm{d}F_V$——分别为垂直于管道轴线、作用于单位长度 $\mathrm{d}l$ 海底管道上的水平波浪力和垂直波浪力；

$\mathrm{d}F_{DB}$，$\mathrm{d}F_{IV}$——分别为垂直于管道轴线、作用于单位长度 $\mathrm{d}l$ 海底管道的水平拖曳力和垂直拖曳力；

$\mathrm{d}F_{IH}$，$\mathrm{d}F_{IV}$——分别为垂直于管道轴线、作用于单位长度 $\mathrm{d}l$ 海底管道上的水平惯性力和垂直惯性力；

$\mathrm{d}F_L$——单位长度海底管道上的升力；

C_D——拖曳力系数；

C_M——质量系数，$C_M = 1 + C_m$，其中 C_m 为附加质量系数；

C_L——升力系数；

ρ——海水的密度；

D——管道的外径（包括管道外表面的防护加重层厚度）；

u_x，u_z——分别为波浪水质点的水平速度和垂直速度；

$\frac{\partial u_x}{\partial t}$，$\frac{\partial u_z}{\partial t}$——分别为波浪水质点的水平加速度和垂直加速度(相应于管中心位置)。

由于近海底的波浪水质点的垂直速度 u_z 和垂直加速度 $\frac{\partial u_z}{\partial t}$ 均较小，故 dF_{DF} 和 dF_{IV} 可以忽略不计。但是近海底的波浪水质点以速度 u_x 绕管道流动时，因管道上部和下部的海流不对称形成了压力差以及管道旋涡尾流区的形成，它们所产生的升力 dF_L 是必须考虑的。这样，式(3-7)可写成：

$$dF_V = dF_L = \frac{1}{2}C_L \rho u_x{}^2 dl \tag{3-11}$$

以上各式中的 u_x，$\frac{\partial u_x}{\partial t}$，$u_z$，$\frac{\partial u_z}{\partial t}$ 需根据管道铺设区的水深 d、波高 H 和波浪周期 T 等条件，选取一种适宜的波浪理论给予确定。建议：

相对水深 $d/L>0.2$、相对波高 $H/d\leqslant 0.2$ 时，采用线性波理论；

$d/L>0.2$，$H/d\geqslant 0.2$ 或 $0.1\leqslant d/L\leqslant 0.2$ 时，采用 Stokes 五阶波理论；

$d/L<0.1$ 时，采用椭圆余弦波理论。

C_D，C_M，C_L 是与雷诺数、波浪参数、管道外表的相对粗糙度以及管道离海底的相对间隙等有关的系数。

由于海底管道周围波动场的复杂性，不同学者得出的 C_D，C_M 和 C_L 的实验值差别很大。C_D，C_M(或 C_M)C_L 的取值应按所采取的规范进行选取。

(2)当水深 $d\leqslant d_b$、波浪破碎时水平管道上的作用力。浅海破碎波对管道的冲击作用是很复杂的。一般认为当波峰处的水质点速度等于或大于波速时，波浪发生破碎。波浪对管道的作用力可使用破碎波的速度场和 Morison 公式进行计算。

破碎波在速度方向上对单位管长 dl 的作用力为：

$$dF_s = \frac{1}{2}C_s \rho D u_b{}^2 dl \tag{3-12}$$

式中，u_b——波浪破碎时的水质点速度；

C_s——冲击系数。规范建议，光滑表面管道 C_s 值不小于 3.0。

破碎波速度场的确定是计算波浪力的基础，人们曾对它进行了大量的实测和理论探讨，但迄今未得到满意的结果。孤立波是椭圆余弦波当椭圆积分 $k=1$ 时的特殊情况，是一种移动波，水质点仅在波浪前进方向运动。波浪传向海岸接近破碎时的一些运动特性与孤立波较为接近，故破碎波水质点速度 u_b 可采用 Wolson 提出的公式计算。

$$u_b = 0.267c = 0.267\sqrt{g(d+H)}$$

其中，$c=\sqrt{g(d+H)}$ 为孤立波的理论波速。

Wiegel 根据实测资料分析认为，根据上式计算系数 u_0 时偏小，应将系数 0.267 加大至 0.4，即

$$u_b = 0.4\sqrt{g(d/H)} \tag{3-13}$$

(3)击岸波段。上岸管段往往设置在有护岸的斜坡海岸上。波浪行进到等于一个波高的临界水深处，波峰开始破碎，波峰顶上的水质点 A 具有向前速度 μ_{Ax}，在重力作用下形成一般射流冲击到斜坡，产生最大的动水压力，如图 3-2 所示。射流在 B 点的冲击速度为：

$$u_B = \sqrt{\eta\,[u_{Ax}^2 + (gX_B/u_{Ax})]} \tag{3-14}$$

其中

$$\eta = 1-(0.017m-0.02)H$$

$$u_{Ax} = H\sqrt{\frac{\pi g}{2L}\mathrm{cth}\frac{2\pi d}{L}} + \sqrt{\frac{gL}{2\pi}\mathrm{th}\frac{2\pi d}{L}}$$

$$X_B = \frac{-u_{Ax}\tan\alpha + u_{Ax}\sqrt{u_{Ax}^2\tan^2\alpha + 2gY_A}}{g}$$

$$n = 4.7\frac{H}{L} + 3.4\left(\frac{m}{\sqrt{1+m^2}} - 0.85\right)$$

$$Y_A = d_0 + Y_0$$

$$Y_0 = H\,[0.95-(0.84m-0.25)H/L]$$

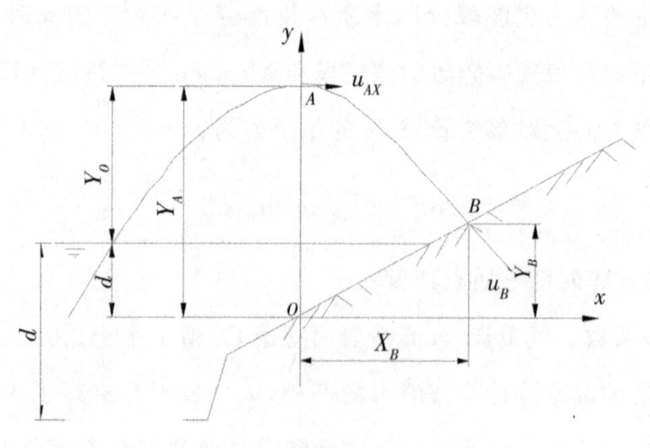

图 3-2　斜坡护岸波浪力计算

式中，μ_{Ax}——波峰 A 点水质点的抛出速度；

n——波速折减系数；

X_B——岸上冲击点 B 到波峰的水平距离；

Y_A——破碎时波峰 A 点到斜坡的垂直距离；

d_b——临界水深，取 $d_b=H$；

Y_0——波峰离静水面高度；

H——行进波高(m)；

L——行进波长(m)；

m——海岸护坡坡度；

α——海岸护坡水平夹角，$\tan\alpha=1/m$；

d——护坡前面的水深。

有了冲击速度后，再按式(3-12)计算管道上波浪力。

(4)深水立管波浪力的近似计算。对深水立管，在工程中为了减轻计算工作量，可用近似的方法。任何相位时，立管上的最大水平波浪力为：

$$F_{H\max}=F_{HD\max}|\cos\theta|\cos\theta+F_{HI\max}\sin\theta \tag{3-15}$$

式中，$F_{HD_{\max}}$——整个立管上最大水平拖曳力；

$F_{Hl_{\max}}$——整个立管上最大水平惯性力；

θ——相位。

相位 θ 不同，立管上水平总波浪力 F_H 不同。工程上关心的是产生最大水平总波浪力 $F_{H_{\max}}$ 时的相位和此最大总波浪力的数值大小。根据微幅波理论解决上述问题有两种情况。

①当 $F_{HD_{\max}}>0.5F_{Hl_{\max}}$ 时，有

$$F_{H\max}=F_{HD\max}[1+0.25(F_{HI\max}/F_{HD\max})^2]$$

$$\theta=\arcsin(0.25)F_{HI\max}/F_{HD\,max}$$

②当 $F_{HD_{\max}}\leqslant 0.5F_{Hl_{\max}}$ 时，有

$$F_{H_{\max}}=F_{Hl_{\max}}$$

$\theta=\pi/2$，即波面线通过立管中心。

上述各力为：

$$F_{HD_{\max}}=C_D\frac{\gamma DH^2}{2}\frac{2k(d+H/2)}{8\mathrm{sh}2kd} \tag{3-16}$$

$$F_{Hl_{\max}}=C_M\frac{\gamma\pi D^2H}{8}\frac{\mathrm{sh}kd}{\mathrm{ch}kd} \tag{3-17}$$

3.4 管道海流力的设计与计算

3.4.1 海流流速的设计标准

海洋中的海流主要有潮汐流和风成流，它们对海底管道和立管都产生较大的作用力。设计海流流速取管道系统设计寿命期中可能出现的最大的流速。其标准应与整个环境设计标准相一致，其方向应根据实测资料确定，海流流速的观测值中，往往不包含风诱发的流速。对风诱发的海水表层海流流速可取一小时平均风速的2%，也可按下述方法估算，

$$V_c = K_c V_{10} \tag{3-18}$$

式中，V_c——风成流的流速(m/s)；

V_{10}——10min平均最大风速(m/s)；

K_c——系数，$K_c = 0.024 \sim 0.05$。

渤海：$K_c = 0.025$。

南海：$K_c = 0.05$。

风成流的流向与风向一致，或近似认为与潮汐流方向一致。无实测资料时，海流流速沿水深的变化可按下式计算：

$$V_{cz} = V_{s1}(z/d)^{1/7} + V_{s2}(z/d) \tag{3-19}$$

式中，V_{cz}——海底以上 Z 处的海流速度(m/s)；

V_{S1}——海面表层海流流速(m/s)；

V_{S2}——风诱发的海面表层流速(m/s)；

d——水深(m)；

z——管中心距海床的距离(m)。

海流流速随水深的不同而变化，如图3-3所示。

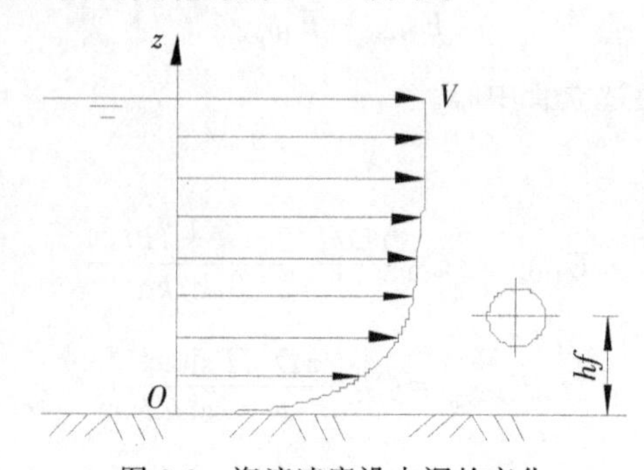

图3-3 海流速度沿水深的变化

3.4.2　海流对海底管道系统的作用

海流和潮流的水质点速度，较之波浪水质点速度变化要缓慢得多。所以，在一定条件下，海(潮)流可认为是定常流，它对水平海底管道的作用分为拖曳力和升力。

在单位长度 dl、直径为 D 的水平海底管道上有垂直作用的两个力，即水平拖曳力和升力分别为：

$$dF_{DHC}=\frac{1}{2}C_{DC}\rho D{u_c}^2dl$$

$$dF_{LC}=\frac{1}{2}C_{LC}\rho D{u_c}^2dl$$

式中，u_c——海(潮)流速度；

C_{DC}，C_{LC}——分别为海(潮)流作用的拖曳力系数和升力系数。

3.4.3　波流联合作用

在海(潮)流比较显著的近岸海区，由于海(潮)流的存在，必然会改变波浪原来的运动特征，所以应考虑波和流的联合作用，而这种联合作用极为复杂。可采用的简便计算方法是将计算得到的波浪力与计算得到的海流作用力相叠加；但为更加精确起见，应当将水质点速度进行叠加，然后再求波浪和海流共同作用下的力，目前工程设计中多按下列方法进行近似计算。

设海(潮)流的速度矢量为 u_c、波浪水质点的速度矢量为 u，则流联合作用在单位管长上的拖曳矢量和升力矢量为：

$$dF_{HWC}=\frac{1}{2}C_{DWC}\rho D(u+u_c)|u+u_c|dl$$

$$dF_{LWC}=\frac{1}{2}C_{LWC}\rho D(u+u_c)|u+u_c|dl$$

其中的 C_{DWC} 按下式估算：

$$C_{DWC}=\frac{{u_c}^2\times C_{DC}+u^2C_D}{{u_c}^2+u} \tag{3-20}$$

同样可估算 C_{LWC}：

$$C_{LWC}=\frac{{u_c}^2\times C_{LC}+u^2C_L}{{u_c}^2+u} \tag{3-21}$$

思考题

(1)波浪对管道作用力有哪几个特征区域?

(2)管道系统波浪载荷特点有哪些?

(3)在水深 30m 处,底部的海流速度为 2km,海流方向与管道垂直,计算水平海底管道悬空段单位长度所受的水平力。已知管道外径为 840mm。

第4章　海底管道的结构设计与强度计算

4.1　海底管道的结构设计

海底管道的结构设计，须根据管道的使用要求、运行条件和所处的海洋环境条件以及铺设方法、埋设回填等状况，并且保证最大程度地安全运行的原则来进行。

4.1.1　海底管道断面结构型式

海底管道的断面结构有两种基本形式：单层管结构和双层管结构，包括同心管和子母管。

从输送的介质特性考虑，除热油管道、动力液（热水）管道、液化天然气管道外，一般都采用单层管的断面结构型式，根据所输送介质是否有腐蚀性可以在钢管内壁加或不加内防腐涂层。为减缓海水对管道的腐蚀，钢管外表一般都要加防腐涂层及阴极保护设施。

为了增加管重，使其在海底有较好的稳定性，同时保护外防腐涂层在管道铺设安装和运行期间免受机械损伤，常在外防腐涂层之外再加混凝土加重层。对热油管道、动力液管道、液化天然气管道等，一般是用同心的双层管结构，内层管是输送管，外层管是保护管，保温层夹在内、外管之间，外层管的外表面仍要加防腐涂层、阴极保护设施或混凝土加重层。其中混凝土加重层是否设置，将根据稳定性设计需要来确定。

管道截面如图 4-1 所示。图 4-1(a)是单层管结构断面，其中由内层钢管、防腐绝缘层和混凝土加重防护层构成（需要时钢管内设有内防腐层）；图 4-1(b)为双重保温管结构的断面，其中由内钢管（油管或气管）、外钢管（又叫外套管或保护管）和中间的保温层构成，外管的外面有防腐绝缘层；图 4-1(c)为三重保温管道，是由内钢管、绝热保温层、聚乙烯套管和外层的混凝土防护层构成。

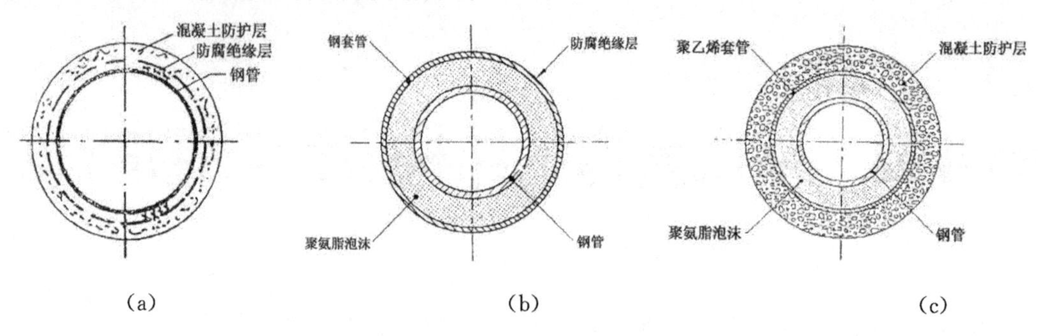

图 4-1　海底管道的截面形式

(a)单层管道　(b)双重保温管道　(c)三重保温管道

在内管中有时设有小直径的加热伴随管，提供热量，以保证内管顺利输送流体；有时也在内管中心位置设置芯管，输送与内管不同的流体或作为流体循环管路的回路置换内管。

近年来，对中小型海底管道(直径小于 600mm)，为了减少管道的用钢量和节省投资，外管改用聚乙烯类塑料管(膜)，根据其颜色不同分别称为黄夹克(YC)或绿夹克(GC)等。

双层管结构，在海底输送易凝原油时被普遍采用。我国海上油田已建成的输油和生产出油管道也大都采用双层管结构。例如，渤海埕北油田采用的外管 ϕ324×11mm、内管 ϕ168×10mm 的双层管结构；BZ28-1 油田采用外管 ϕ324×16mm、内管 ϕ168×14mm 的双层管结构；BZ34-2/4 油田采用外管 ϕ406×13mm、内管 ϕ273×14mm、外管 ϕ356×13mm、内管 ϕ219×13mm 的双层管结构。

4.1.2　内管与外管之间的连接

(1)在钢质双层管结构中，内管与外管之间的连接有三种方式：内、外管之间可相对作轴向移动的套式连接；内外管之间分段固定板(环)的连接；在局部管段内管与外管在套式连接基础上，在环形空间用胶凝材料全线固定连接，如图 4-2 所示。

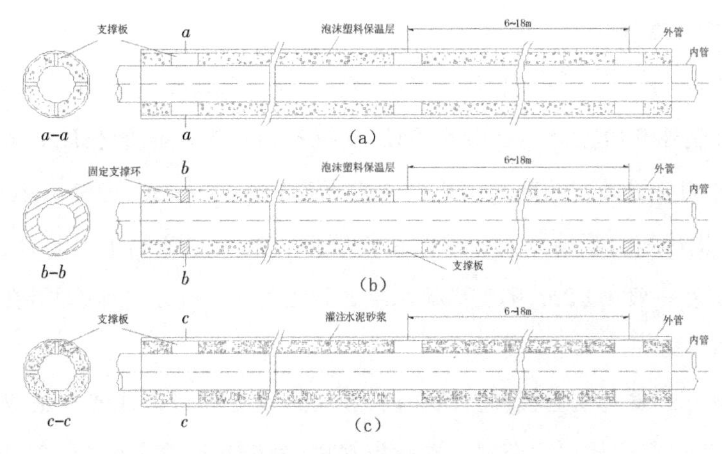

图 4-2　内管与外管的连接形式

(a)内、外管之间可相对作轴向移动的套式连接　(b)内外管之间分段固定板(环)的连接

(c) 在环形空间用胶凝材料全线固定连接

鉴于上述联接方式，双层管在结构计算中通常进行如下假定：

①当内管、外管作套式连接时，假定外管只承受外压和管道弯曲时的弹性弯曲应力；内管则主要承受管内压力和温度变化引起的热应力与热应变。对于立管部分，外管还遭受风、浪、流、冰等外载荷作用。

②内管、外管分段间隔固定连接时，外管除承受外压、管道弹性弯曲外，通过固定连接件还与内管一同承受间隔分段传来的温度应力与应变。

③对部分管段全线固定联接时，如固定联接的胶凝材料具有足够的强度，可视为厚壁的单层管结构。这时不适用薄壁理论，可近似地按复壁钢管计算(这时不计入固定材料的作用)。

(2)连接件。内管与外管之间的连接件有：支撑板(或支撑肋板)、支撑环(或环形间隔板)、密封圈(或密封环)、固定支撑板和固定支撑环等。

①支撑板。保护内、外管处于基本同轴心线位置，并保护内、外管之间的环形空间均匀间隔，如图 4-3 所示。支撑板通常沿管道纵向设置在内管与外管之间，并固定在内管外表面，当内管中有芯管时，同样在芯管与内管之间的环形空间也设置支撑板。

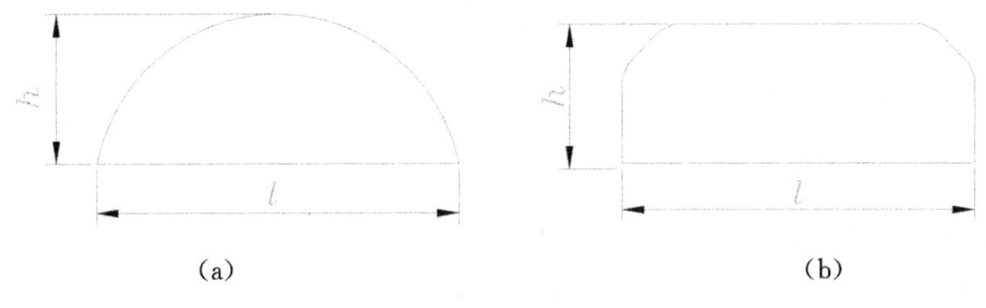

图 4-3　支撑板

(a)弓形支撑板　(b)弓形支撑板

支撑板根据管径大小，在断面圆周范围内，可均匀设置 4～6 块，芯管支撑板设置为

3～4 块。支撑板高度：

$$h=[(D_{oi}-D_{io})/2]-(3\sim5)\text{mm} \tag{4-1}$$

这里 D_{Oi} 是外管内径，D_{iO} 是内管外径，支撑板沿管轴方向的长度 $l\approx(3\sim5)h$，支撑板厚 δ 应比内管或外管的壁厚 t（取两者之大值）大 2～4mm，即 $\delta=\max(t_{内},t_{外})+(2\sim4)\text{mm}$。支撑板沿管轴方向的间距视钢管单节管长度和加工套装方法而定，管道用钢管单根长度一般为 12m，则支撑板每组的间距为 11～11.5mm（即需在单节管两端分别留出 300～500mm）。

②支撑环。起着与支撑板同样的作用，在结构设计时可采用支撑板或支撑环中的一种，当然也可以交错使用这两种。支撑板在内、外管组装穿套时比较方便，但若需在环形空间内设置密封圈时，则需使用支撑环，如图 4-4 所示。支撑环的布置方式和固定方式与支撑板相同，它的翼缘高度及间距的确定也与支撑板相同，其厚度为 12～20mm（也必须大于内管或外管的壁厚）。

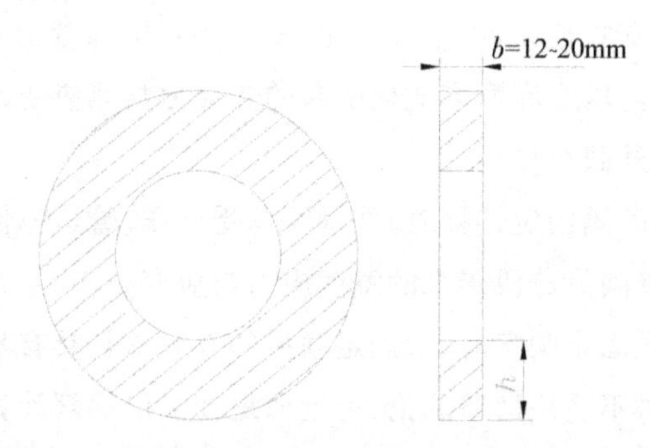

图 4-4　支撑环

③固定支撑环。它将内管与外管固定焊接在一起，如图 4-5 所示。固定支撑环与内、外管的连接计算，应根据内、外管受力情况，使其起到传递力的作用。根据构造特点，固定支撑环以剪切破坏型式来设计。固定支撑环需要的剪切面积 ω 相当于固定支撑环的有效厚度 δ' 乘以周长，即 $\omega=\delta'\pi D_{Oi}$，D_{Oi} 为外管的内径，故

$$\delta'=\frac{N}{[\tau]\pi D_{Oi}}$$

式中，N——给予固定支撑环的推力；

$[\tau]$——固定支撑环钢材的许用剪应力。

所以，固定支撑环的厚度

$$\delta=\delta'+2\Delta$$

其中 Δ 固定支撑环一侧间隙的肩宽，一般 Δ 取 2～4mm。固定支撑环内孔直径 $d_i=D_{iO}+(3\sim5)\text{mm}$。

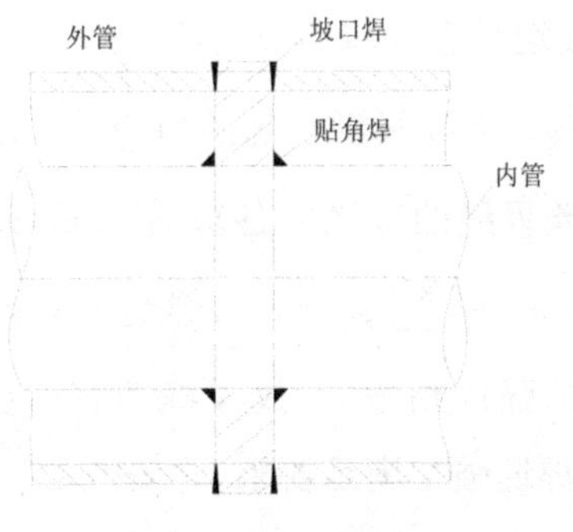

图 4-5　固定支撑环

④固定支撑板。同固定支撑环一样，起着将内管与外管在支撑板所在截面固定焊接在一起的作用。它将根据设计要求用一定厚度、长度和高度的数块支撑板组成一组，将内、外管固定连接在一起，如图 4-6 所示。其中图 4-6(a)为支撑板在外管内侧焊接固定；图 4-6(b)为支撑板在外管开槽将支撑板固定在外管壁外侧。两种情况下固定支撑板的高度不同。

固定支撑板的设计计算，主要是根据温度应力计算内管在固定截面处的推力。因固定支撑板以受剪切方式承受该推力，从而可计算出支撑板沿管轴方向所需的截面积。再根据计算出的截面积决定每组固定支撑的块数、长度、厚度和高度。

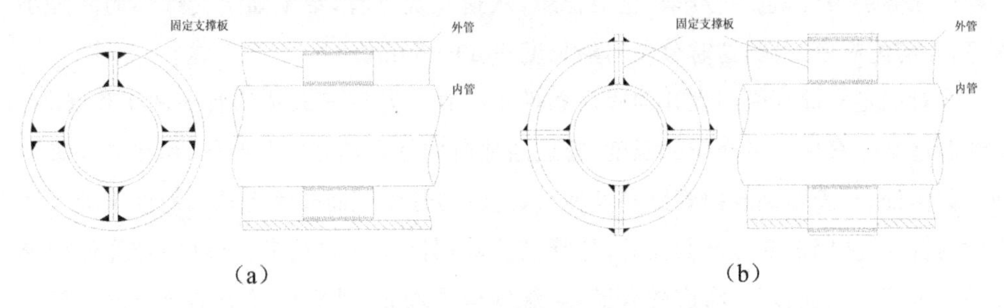

图 4-6　固定支撑板

(a) 支撑板在外管内侧焊接固定　(b) 支撑板固定在外管壁外侧

设内管为 $D_i \times \delta'_i$，外管为 $D_O \times \delta'_0$，它们的设计温差为 Δt(℃)，内管的线膨胀系数为 α(1/℃)(一般钢材 $\alpha = 1.2 \times 10^{-5}$/℃)，管材弹性模量为 E(一般钢 $E = 206$GPa)，则内管的温度应力 $\sigma_t = \Delta t \cdot \alpha \cdot E$(MPa)，此应力在内管固定截面产生的作用力：

$$N_t = \sigma_t \cdot A = \sigma_t \pi \overline{D}_i \delta'_i \tag{4-2}$$

式中，σ_t——温度应力；

A——内管的截面积，$A \approx \pi \overline{D}_i \delta'_i$($\mathrm{m}^2$)；

$\overline{D}_i$——内管的平均直径；

δ'_i——内管的壁厚。

内管作用力 N_t 由固定支撑板承受，所以固定支板所需的总剪切面积 $\omega = N_i / [\tau]$

(m^2)，其中$[\tau]$为固定支撑板钢材容许剪切应力(MPa)。

(3)联接件焊缝强度核算。支撑板沿长度的焊缝总长度设为 $\sum l_w$，由于焊缝起端和终端的质量不易保证，每条焊缝的首尾应各减去 30mm。如取填角焊缝的有效高度为 h_w，则焊缝总有效面积为 $\omega_w = \sum l_w \cdot h_w$，焊缝所受剪应力$[\tau]_w = N_t / \sum l_w h_w$。按规范，焊条应与被焊钢材的强度相适应，故焊缝的容许剪应力与钢材的许用剪应力$[\tau]$相同。当 $\tau_w < [\tau]_w$ 时，焊缝强度满足要求，是安全的。

如焊缝强度不够时，需加长支撑板板长。对固定支撑环，如出现焊缝强度不够时，可在固定支撑环两侧加肋板来增加焊缝长度，以保证焊缝强度。在用固定支撑环时，由于施焊的要求，外管必须在固定支撑环处断开，固定支撑环两侧的贴角焊缝应在管壁的外侧。

(4)支撑件间距。从国内外设计的实际资料分析，固定支撑环或固定支撑板的间距，即内管固定联接的间隔，有的为 350m，也有的为 100～120m，甚至有的只有 50～60m。分析其原因有：

①考虑外管因某种原因渗漏，致使内外管之间的保温层进水浸透而失效。为防止这种渗漏贯通整根海底管道，用固定支撑环将整根管道分隔成若干管段。这样即使某一管段保温层失效，也不会影响整根管道，从这一观点看，希望固定支撑环的间隔小一些好，并需配有密封圈，这时分段间隔长度在 50～60m。

②对固定支撑环受力设计的假定条件不一样。基于海底热油管道的工作条件，内管油温远高于海底周围介质的温度，管道通油时内管受热必然要伸长，而在与外管固定联接截面处，外管牵制着内管限制其伸长，这时内管受压而外管受拉。而处于埋入海底土中的管段，在固定支撑环截面处，外管又受着周围土壤的约束，所以外管拉伸变形也几乎不可能。因此，埋入海底的管道，对温度应力而言，外管同样受轴向压缩。而且在固定截面处由于温度应力产生的推力较大，固定支撑受力大，因而增加了固定支撑环的设计和构造上的复杂性。从这一点出发，分段间隔固定的距离应尽可能大一些，增大间距可以使温度变化对固定截面产生的作用力相应减小，因此，有的设计把分段间隔固定的长度定为 350m 以上。

③当采用牵引法铺设海底管道时，由于受陆上制管场地长度的限制，分段间隔可取与每次牵引长度相一致。所以，有的设计把分段间隔固定长度定为 100～120m 或 300m 以下。

在双层管结构上，还要核算内管因温度升高而发生伸长导致挠曲时，是否会挤压破坏保温层。

设内管的支撑件间距为 l，当因温度改变 Δt 而产生伸长 Δl 时，在支撑件约束下，内管将挠曲。假定：两固定支撑环之间的内管在外管中的变形受支撑件约束；内管呈正弦曲线形变形；限制两支撑之间内管最大挠度，即不使内外管之间环形空间的保温层损伤或被压扁，如图 4-7 所示。

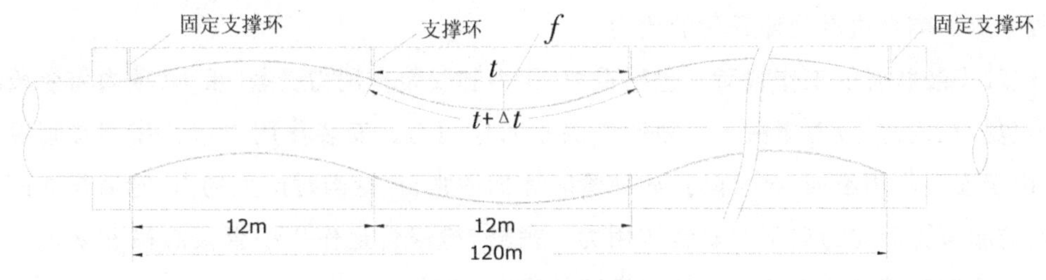

图 4-7　内管变形假定

从上述假定可推得每一间距内管挠度为：

$$f=\frac{2}{\pi}\sqrt{l\cdot\Delta l} \tag{4-3}$$

从上式可以看出，为了限制 f，固定及套式支撑件的间距不宜太大。

4.2　海底管道的结构强度设计与计算

海底管道强度设计与计算，主要是研究海洋油气管道金属材料抵抗载荷作用的问题。在满足生产工艺要求和安全输送的条件下，在有关规范允许范围内，充分合理地发挥管道材料的强度。

4.2.1　作用于海底管道的载荷

作用于海底管道的载荷有环境载荷、工作载荷(包括安装状态和在位状态)以及偶然载荷等。

1.工作载荷

系指在理想状态(即无风、无浪、无海流、无冰情、无地震等环境载荷作用)下，管道所承受的载荷。

(1)在位状态的工作载荷。通常有：

①重力，包括管道涂层、加重层和全部管子附件在内的管道重力、所输介质的重力、防腐系统的牺牲阳极块重力等，以及所有浸入海水中构件所受的浮力。

②压力，包括管道内部流体压力、外部静水压力、埋没管道上的土壤压力以及稳定压块所产生的压力等。

③胀缩力，管内介质温度与周围温度变化引起的膨胀力或收缩力。

④预应力，管道在成型、安装和焊接过程中产生的预应力。预应力过大时，会在一定程度上影响管道承受外载荷的能力。

(2)安装状态的工作载荷。包括重力、压力和安装作用力。若“重力”项内将管段的浮力包括在内时，应考虑由于压力产生的轴向作用力。安装作用力包括作用在管段上的、由于安装作用施加的全部力，如铺管时施加的张力、挖沟时产生的力、管道与周围土体间的摩擦力等均为典型的安装作用力。另外，检修管道作用中管段起吊和复位以及弃管作业时的管段受力都是特殊的安装作用力。

2.环境载荷

环境载荷为由风、浪、流、冰、地震和其他环境现象产生的载荷，环境载荷实际上属于随机载荷，通常利用概率统计方法进行计算。对于有可能同时发生的各种不同的自然环境现象，应考虑它们同时发生的概率，将各种单独作用的效果正确地叠加。

正常在位状态的环境载荷应考虑重现期不小于50年所发生的最大载荷。对安装状态，应取作业期预定时间的3倍作为设计周期，但不得少于3个月。对连续5天或少于5天短作业期间的环境载荷的环境参数，可根据天气预报决定。

3.偶然载荷

一般包括船舶的碰撞、拖网渔具的撞击和坠落物的撞击等。

总之，海底管道(包括立管)所受的载荷，根据其类型、来源、作用时期和性质等，如表4-1所示。

表4-1 作用于海底管道的载荷类型与性质

载荷类型＼载荷来源	重力	环境	施工建造	使用运转
重力	*S*			
浮力		*S.D*		
阻力		*S.D*	*S*(牵引力)	*S*
浮托力		*S.D*	*S.D*	
惯性力			*D*	
张力			*S.D*	*S.D*
弯曲与扭转			*S.D*	*S*
外压		*S.D*	*S*	*S*
内压			*S*	*S.D*
冲击力		*D*	*D*	*D*
振动力		*D*	*D*	*D*
压缩力	*S*	*D*	*S.D*	*S.D*

注：*S*为静载荷；*D*为动载荷。

4.载荷组合

由于海底管道所处环境条件恶劣多变，所以其受力十分复杂。为保证海底管道工作安全，其载荷的确定至关重要。在确定海底管道的载荷时，除了明确各种载荷外，还要研究载荷的组合。载荷组合的基本原则是：针对所选定的管道系统的设计状态和载荷条件，进行可能同时作用于管道上的各种载荷的最不利组合，但地震载荷不与其他环境载荷组合；对同一管道系统的不同构件或管段（管道、立管、接岸管段）及其所处不同条件（铺设、拖曳、埋设、吊装、连接、运输、运行和修理等），按实际可能同时出现的最不利载荷情况进行组合。在组合时，水深是一重要参数，则应考虑水位变动的影响。通常有下列几种载荷组合：

(1)管道正常运行状态的工作载荷与相应的环境载荷。

(2)管道施工安装、铺设时的工作载荷与相应的环境载荷。

(3)管道正常运行状态的工作载荷与地震载荷。

对于双层管结构，内管与外管的受力状态必须分别进行组合计算。

4.2.2　管壁的校核

按工艺计算所确定的管道内径。钢材手册中给出的是外径，而且同一种外径的管子，若壁厚不同，内径也不同。海底管道的壁厚 δ 与管径 D 之比 $\frac{\delta}{D}<0.1$ 时，可按薄壁容器分析内压所引起的管壁应力和确定壁厚。

在内压大于外压时，管子的壁厚要能承受住设计内压，即最大工作内压与最小外压之差，对于单层管是最大输送压力与管外最小静水压之差，对于双层管就是最大输送压力。在内压 P 的作用下，管壁在圆周切线方向上将产生环向应力 $\sigma_y = PD_i/2\delta$，D_i 为管道内径，δ 为壁厚。

管道在设计内压作用下引起的管壁应力有环向应力、轴向应力和径向应力（切向应力）。轴向应力是内压作用在管端，在管壁内沿轴向产生的应力：

$$\sigma_x = \frac{PD_i^{\ 2}}{D_0 - D_i^{\ 2}} = \frac{PD_i^{\ 2}}{(D_i + 2\delta)^2 - D_i^{\ 2}} \approx \frac{PD_i}{4\delta} = \frac{\sigma_y}{2} \tag{4-4}$$

径向应力是管壁受内压在径向产生的压应力，径向应力大小 $\sigma_r = P$。

一般管道 $D_i > 10\delta$，故 $\sigma_x > 2.5P$，$\sigma_y > 5P$，即环向应力＞轴向应力＞径向应力。因此在压力管路计算中，径向应力 σ_r 一般不予考虑，只考虑环向应力和轴向应力。

对于长距离的管道，管路中内压引起的轴向应力 σ_x 只相当于一种“摩擦阻力”的作用，所以有时也可以忽略。特别对于埋地管道，由于管体周围土壤对管子的约束，它所引起的应力将与横向变形系数泊松比 μ 有关，为 $\sigma_x=\mu\dfrac{PD_i}{2\delta}$。当钢材的泊松比 $\mu=0.3$ 时，轴向应力 $\sigma_x=0.3\dfrac{PD_i}{2\delta}=0.3\sigma_y$。

因此，对于长距离的输送管道，可以简单地用内压引起的环向应力 σ_y 计算管壁厚度。这时管壁厚度的计算公式为：

$$\delta=\frac{PD}{2(\sigma_y+P)}+c_1+c_2 \tag{4-5}$$

令 $\sigma_y\leqslant[\sigma]\varphi$，则上式可改写为：

$$\sigma=\frac{PD}{2([\sigma]\varphi+P)}+c_1+c_2 \tag{4-6}$$

式中，δ——钢管壁厚(mm)；

P——管路内流体的最大工作压力(kPa)；

D_i——钢管外径(mm)；

σ_y——内压引起的管壁环向应力(kPa)；

$[\sigma]$——钢管材料的容许应力(kPa)；

φ——钢管纵向焊缝强度系数，对于无缝钢 $\varphi=1.0$，直缝焊接钢管 $\varphi=0.85$；

c_1——钢管壁厚制造公差，可取为 0.3～0.5mm；

c_2——腐蚀余量，可取为 1～3mm。

在应用式(4-6)时，管路内流体的最大工作压力 P，由于安全和操作上的原因，应乘以超载系数 n_1，一般 $n_1=1.1\sim1.15$，则上式为：

$$t=\frac{(1.1\sim1.15)PD_0}{2([\sigma]\varphi+P)}+c_1+c_2 \tag{4-7}$$

根据设计内压所定的壁厚，再按设计外压再校核。

设计外压等于最大外压减去最小内压。对单层管，设计外压是空管时的最大外压；对双层管，设计外压就是最大外压。

(1)在海底裸放的管道，设计外压为：

$$P_0=\gamma_w d$$

式中，γ_w——海水的重度(kN/m^3)；

d——水深，$d=$设计高潮位$+\dfrac{2}{3}$最大波高(m)；

如管道加稳定压块时，还应考虑压块给予管道的压力 P_q，设计外压 $P_0=\gamma_w dP_q$

(2)对埋放管道，设计外压为：

$$P_0=\gamma_s h_s+\gamma_w(d+h_s)$$

式中，γ_s——海底土壤重度(kN/m^3)；

h_s——管中心线上的土层厚度(m);

d——水深,为设计高潮位$+\frac{2}{3}$最大波高(m);

γ_w——海水的重度(kN/m^3)。

为了防止管道屈曲,需要用外压对管壁进行校核。一定直径和壁厚的钢管可以承受一定的外压。当外压超过某一临界压力 P_{cr} 时,管子受压屈曲。管子被压屈的临界压力,通常采用铁木辛柯公式计算:

$$P_{cr}=\frac{2E}{1-\mu^2}\left(\frac{\delta}{D}\right)^3(n^2-1) \tag{4-8}$$

式中,E——钢材弹性模量;

μ——钢材的泊松比,$\mu=0.3$;

δ——管壁厚度;

D——钢管外径;

n——压屈波数($n=2,3,4,\cdots$,一般取 $n=2$)。

显然,管道不被设计外压压屈的条件是:

$$P_0\leqslant P_{cr}$$

按此设计外压,需要管壁厚

$$\delta=D\left[\frac{P_0(1-\mu^2)}{2E(n^2-1)}\right]^{\frac{1}{3}} \tag{4-9}$$

用式(4-9)求得的钢管管壁厚还应考虑 c_1 和 c_2。对 c_1 和 c_2 的选取同式(4-6)。

4.2.3 强度计算

强度计算的目的是合理选材,满足安全和经济的原则。

海底管道输送油气时会受到各种外力和内力作用。例如因温度改变,管道金属胀缩受限制时,产生温度应力;在管内流体与管外流体(或固体)压差作用下产生的切向应力;当管道受轴向弯曲时还会产生弯曲应力等。

1.温度应力

在管道能自由伸缩时,不会产生温度应力。但对海底管道,即使有温度补偿的胀圈或套筒,端点总要受到不同程度的约束,另外海底还受地面摩擦力约束,不能自由伸缩,因此管道总会有温度应力。图 4-8(a)为一段埋地热油管道。

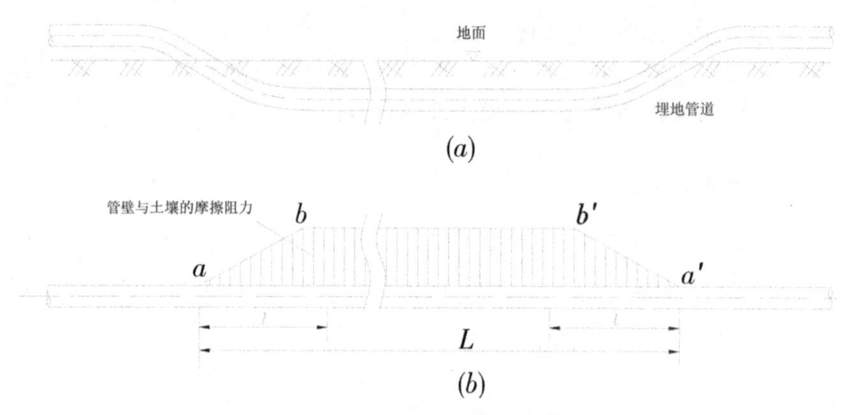

图 4-8 埋地热油管道段的摩擦阻力

(a) 一段埋地热油管道 (b)管壁与土壤的摩擦阻力

长为 L 的一段埋地热油管道，当温度改变时产生温度应力为：

$$\sigma_t = \alpha E \Delta t$$

式中，σ_t——受约束管道由于管道内外温差而产生温度应力(Pa)；

E——管道金属材料的弹性模量，对于钢材 $E=206\text{GPa}$；

α——管道金属的线胀系数，对于钢材 $\alpha=1.2\times10^{-5}/℃$；

Δt——管道安装温度与运行使用温度之间的最大温度差，或与周围介质温度之间的最大温度差，两者应取最大值(℃)。

由于温度变化引起管道的轴向变形，如在管道允许自由伸缩的情况下，产生自由伸缩的变形量为：

$$\Delta L = NL/EA$$
$$N=\sigma \cdot A \tag{4-10}$$

式中，ΔL——管道的自由伸缩量(m)；

L——管道计算长度(m)；

N——轴向力(N)；

A——钢管净截面积(m^2)；

E——管道金属弹性模量(GPa)。

埋地管道与周围土壤间存在摩擦阻力，此力阻碍管道的自由伸缩，当管道的伸缩力不超过管道周围摩擦阻力时，管道在土中处于平衡状态(即管道不能伸缩，但有应力存在)；当管道的伸缩力大于摩擦阻力时，则管道在上述两力之差的作用下产生伸缩变形。从图 4-8 中可看出，管段 a-a'为埋入土中的部分管段，在 a 及 a'点处土壤与管壁之间摩擦力为零，即在该两截面处不受约束，管道可以自由伸缩，其伸缩量最大。随着管段向中间延伸，土壤与管壁之间的摩擦力越来越大。如土壤性质和埋深不变时，摩擦阻力将使管道的变形越来越小。当达到某一长度 l 时，其摩擦力与伸缩力相平衡，则管段 l 以后的伸缩将完全受到限制，如图 4-8 中两端的 b 和 b'截面在温度变化时该截面处之间的管道不再伸缩。

从上述分析可以看出，图中管段 ab 和 $a'b'$ 段(即 l 段)内才有温度变形。从 $b\to a$ 或 $b'\to a'$ 的变形量由零开始逐渐增大，分别至 a 或 a' 截面处达到最大值。$a\to a'$ 段两端各 l 段内的总变形量 Δl。下面计算具有变形的 l 段内的总变形量 Δl。

埋入土中管道周围单位长度上的摩擦阻力为：

$$f \approx \pi D_0 P_1 \mu \tag{4-11}$$

式中，f——管道周围单位长度上的摩擦阻力(N/m)；

D——管子外径(m)；

P_1——作用于管道表面的土压力(Pa)；

μ——管道外表与周围土壤之间的摩擦系数。

如果管道混凝土外表面是海底砂土，$\mu=0.35\sim0.55$；如果管道外海底是碎石时，$\mu=0.60\sim0.65$；如果钢管外表面与砂性土直接接触，$\mu=0.4\sim0.5$；如果钢管外是卵石时 $\mu=0.25$。

因为在 l 段(出土段或入土段)内摩擦阻力 N 与管长成正比，所以当管段达某一长度 l 时，温度变化引起的管道轴向伸缩力全部被摩擦阻力所平衡。在此长度以后，即图中 $b\to b'$ 段内不再因温度变化而引起伸缩变形。此 l 值可由 $l\cdot f=N$ 求出：

$$l=\frac{N}{f}=\frac{\sigma_t A}{\pi D_0 P_1 \mu}=\frac{\alpha E \Delta l \pi \overline{D} \delta}{\pi D^0 P_1 \mu} \approx \frac{\alpha E \Delta t \delta}{P_1 \mu} \tag{4-12}$$

式中，$\overline{D}$——管子平均直径；

D_0——管子外径；

δ——管子壁厚；

Δt——管道的最大温度差。

如前述在 a 和 a' 截面处变形量最大，并等于管道处于自由伸缩时的变形量；而 b 和 b' 截面处的变形量为零，如设 l 段内长度为 x 和管段的摩擦阻力为 fx，则 l 段内的变形量为：

$$\Delta l=\int_0^l \frac{fx}{EA}\mathrm{d}x=fl^2/2EA=Nl/2EA \tag{4-13}$$

比较式(4-10)和式(4-13)可以看出，入土段(或出土段)l 长管段的伸缩变形量，为同等长度管段自由伸缩变形量的一半。

以上讲述的是单层管道在温度变化时引起的应力和应变。对于双层管结构的热油管道由于其构造和约束条件不同，管道内外温度变化而引起的应力与应变也不同，要根据内外管的联接构造型式具体分析。

2.管道弯曲引起的弯曲应力

管道在施工安装、铺设过程中，尤其在管道铺设的前后，必然在平面和立面内存在着不同程度的弯曲，从而会在管内产生弯曲应力。

(1)管道允许的最小曲率半径。如图 4-9 所示，管道弯曲处在圆弧和管壁最外缘的伸长量最大，产生的轴向拉应力也最大；在内侧则产生轴向压应力。

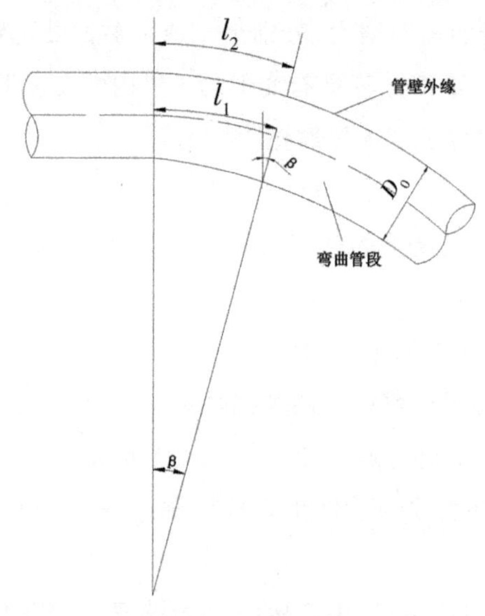

图 4-9　微弯曲管段

如管轴线的曲率半径为 ρ，则在曲面角 β 内轴线长 $l_1=\rho\beta$。在弯曲管道的外侧，因曲率半径增大为 $\rho+(D_0/2)$，故外侧管壁受拉，长度变为 $l_2=[\rho+(D_0/2)]\beta$ 即外侧管壁的伸长为 $\Delta l=l_2-l_1=\dfrac{D_0}{2}\beta$。线应变 $\varepsilon=\dfrac{\Delta l}{l_1}=\dfrac{D_0}{2\rho}$，因弯曲产生的轴向应力 $\sigma_{B2}=E_\omega=\dfrac{ED_0}{2\rho}$ 或 $\rho=ED_0/2\sigma_{B2}$。由于管壁轴向弯曲应力有容许值，故 ρ 值不能太小。因此，管道允许的最小曲率半径为：

$$[\rho]_{\min}=\frac{ED_0}{2[\sigma]} \tag{4-14}$$

式中，$[\sigma]$——管道金属材料的容许弯曲应力(Pa)；

D_0——管子外径(m)；

E——管道金属材料的弹性模量(Pa)。

(2)弯曲管道中的应力。管道弯曲后，管壁上的应力将重新分布，这时在设计内压 p_i 的作用下，管壁的环向应力为：

$$\varepsilon_{yB}=\frac{2\rho+\dfrac{D}{2}\sin\varphi}{2\left(\rho+\dfrac{D}{2}\sin\varphi\right)}\cdot\frac{p_iD_i}{2\delta} \tag{4-15}$$

在内侧 ($\varphi=90°$)：

$$\varepsilon_{yBi}=\frac{2\rho+\dfrac{D}{2}}{2\left(\rho+\dfrac{D}{2}\right)}\cdot\frac{p_iD_i}{2\delta} \tag{4-16}$$

在外侧（$\varphi=270°$）：

$$\varepsilon_{yBo}=\frac{2\rho-\dfrac{D}{2}}{2\left(\rho-\dfrac{D}{2}\right)}\cdot\frac{p_iD_i}{2\delta} \tag{4-17}$$

另外，在外力作用下管道弯曲后，断面变成扁平，将引起应力集中。为避免弯曲产生的应力集中，在冷弯时，应使 $\rho\geqslant 40D$；热弯时 $\rho\geqslant(3\sim10)D$。

在管道强度计算时，对于内压产生的管壁应力、温度变化引起的温度应力和钢管弯曲时产生的应力，通常是根据它们可能同时产生的条件和状态进行叠加，再按适当的强度理论校核。因钢管受拉伸时的相对伸长率均大于 6.5%属塑性材料。故合成应力 σ 可按第四强度理论计算：

$$\sigma_{ep4}=0.707\sqrt{(\sigma_1-\sigma_2)^2+(\sigma_2-\sigma_3)^2+(\sigma_3-\sigma_1)^2} \tag{4-18}$$

式中，σ_1——最大主应力，取管道工作时由各种原因引起的环向应力之和，考虑压力超载可加大 10%～15%；

σ_2——第二主应力，取为轴向应力之和，考虑温度超载可加大 5%～10%；

σ_3——最小主应力，为径向应力之和。

通常 σ_3（径向应力）不大，可忽略。故合成应力为：

$$\sigma=0.707\sqrt{2({\sigma_1}^2+{\sigma_2}^2-\sigma_1\sigma_2)}=\sqrt{{\sigma_1}^2+{\sigma_2}^2-\sigma_1\sigma_2} \tag{4-19}$$

满足强度要求的管道应满足：$\sigma\leqslant[\sigma]$。

海底油气管道的钢材容许应力$[\sigma]$，视管道所在区域不同可在$(0.5\sim0.72)\sigma_s$ 之间，即取 1.39～2.0 的材料安全系数，即$[\sigma]=\dfrac{\sigma_s}{1.39\sim2.0}$。

对双层管结构，内管与外管的强度应分别设计。在运行期间，外管主要承受外压产生的应力和管道微弯时产生的弯曲应力，有时根据内、外管联接构造特点要承受温度应力等；内管主要承受内压产生的应力和温度应力以及管道自重引起的弯曲应力等。在施工铺设管道的过程中，从设计安全角度出发，应该考虑内、外管共同的承受载荷。

4.3　海底管道的结构屈曲设计与计算

海底管道在其施工安装、铺设和运行期间，除强度问题外，还可能出现各种不同的破坏形式，这些破坏形式有：屈曲（分为轴向受压屈曲和横截面在外压下变形屈曲）、疲劳损坏、脆性断裂和韧性断裂扩展等。

4.3.1 屈服

由设计内压与最小外压之差引起的管壁环向应力，不得超过下式给出的容许值：

$$\sigma_{yp}=\eta\sigma_s K_t \tag{4-20}$$

式中，σ_{yp}——许用环向应力；

η——利用系数，如表 4-2 所示；

σ_s——公称最小屈服强度；

K_t——温度折减系数。

当管壁金属材料温度低于 120℃时，$K_t=1.0$，高于 120℃时，应根据材料性质考虑 K_t 的降低。

表 4-2 利用系数 η

区域	载荷条件		
	a	b	地震
1 区	0.72	0.96	0.96
2 区(包括立管)	0.50	0.67	0.80

管壁环向拉应力为：

$$\sigma_y=(P_i-P_0)\frac{D}{2\delta} \tag{4-21}$$

式中，P_i——最大设计内压；

P_0——最小设计外压；

D——管子分称直径；

δ——管子公称壁厚。

当管壁中存在明显的轴向应力与切向应力时，则以等效应力作为判断是否屈服的准则，等效应力为：

$$\sigma_{eq}=\sqrt{\sigma_x{}^2+\sigma_y{}^2-\sigma_x\sigma_y+3\tau_{xy}^2} \tag{4-22}$$

式中，σ_x——轴向应力；

σ_y——环向应力；

τ_{xy}——切向应力。

在位状态时，管道与立管的等效应力不得超过允许值，即

$$\sigma_{eq}\leqslant\sigma_{yp}=\eta\sigma_s K_t \tag{4-23}$$

其中 η、σ_s、K_t 的意义同式(4-20)。

4.3.2　管道屈曲

管道屈曲的类型分析分为局部屈曲(管壁屈曲)和整体屈曲(欧拉屈曲)。局部屈曲是导致管道横截面形状的屈曲方式;整体屈曲是管道在受压时的轴向屈曲方式。

为防止管道在最不利载荷组合下产生局部屈曲失稳,在进行局部屈曲校核时,管道外压应按设计高水位时的静水压计算,管道内压以零计算。

1.局部屈曲

在无更精确的计算方法或实验资料时,纵向应力(轴向应力)与环向应力共同作用下的组合应力,可用下面允许组合应力临界条件:

$$\left(\frac{\sigma_x}{\eta_{xp}\sigma_{xcr}}\right)^{\alpha}+\left(\frac{\sigma_y}{\eta_{yp}\sigma_{ycr}}\right)\leqslant 1 \tag{4-24}$$

式中,$\sigma_x=\sigma_x^N+\sigma_x^M$,若 $\sigma_z<0$,则取 $\sigma_z=0$;

$\sigma_x^N=\dfrac{N}{A}$为轴向压应力;

$\sigma_x^M=\dfrac{M}{W}$为弯曲压应力;

N——轴向力;

$A=\pi(D-\delta)\delta$,管道横截面积;

M——弯矩;

$W\approx\dfrac{\pi}{4}(D-\delta)^2\delta$,抗弯截面模量;

D——管道公称外径;

δ——管道公称壁厚。

$$\sigma_{xcr}=\frac{\sigma_x^N}{\sigma_s}\sigma_{xcr}^N+\frac{\sigma_x^M}{\sigma_s}\sigma_{xcr}^M \tag{4-25}$$

σ_x^N——当 N 单独作用($M=0,P=0$)时的临界纵向应力;

$$\sigma_{xcr}^N=\begin{cases}\sigma_s & (D/\delta\leqslant 20)\\ \sigma_s\left[1-0.001\left(\dfrac{D}{\delta}-20\right)\right] & \left(20<\dfrac{D}{\delta}<100\right)\end{cases}$$

σ_s——相应于 0.2%残余应变的屈服应力;

σ_{xcr}^M——当 M 单独作用($N=0,P=0$)时的临界纵向应力,$\sigma_{xcr}^M=\sigma_s\left(1.35-0.45\dfrac{D}{\delta}\right)$;

$\alpha=1+\dfrac{300}{D/\delta}\dfrac{\sigma_y}{\sigma_{ycr}}$,纵向应力项的指数;

$\sigma_y=(P_0-P_i)\dfrac{D}{2\delta}$,环向应力;

P_0——外压；

P_i——内压；

$P=P_0-P_i$；

σ_{ycr}——当单独作用(N=0,M=0)时的临界环向应力；

$$\sigma_{ycr}=\begin{cases}\sigma_{yE}=E\left(\dfrac{\delta}{D-\delta}\right)^2 & \left(\sigma_{yE}\leqslant\dfrac{2}{3}\sigma_s\right)\\ \sigma_s\cdot\left[1-\dfrac{1}{3}\left(\dfrac{2}{3}\dfrac{\sigma_s}{\sigma_{yE}}\right)\right] & \left(\sigma_{yE}>\dfrac{2}{3}\sigma_s\right)\end{cases}$$

σ_{yE}——弹性临界环向应力；

E——弹性模量；

η_{xp}、η_{yp}——利用系数，如表 4-3 所示。

表 4-3 利用系数

载荷条件 \ 设计状态	安装状态		在位状态			
	管道与立管		1 区		2 区及立管	
	η_{xp}	η_{yp}	η_{xp}	η_{yp}	η_{xp}	η_{yp}
a	0.85	0.75	0.72	0.62	0.50	0.43
b	1.00	0.98	0.96	0.82	0.67	0.56

2.屈曲扩张

屈曲扩张是因为外部过压太大，即 $P=(P_0-P_i)>P_{pr}$，P_{pr} 为屈曲扩展压力，按整体失稳可得：

$$P_{pr}\approx 1.15\pi\sigma_s\left(\frac{\delta}{D-\delta}\right)^2 \tag{4-26}$$

计算的此压力比实际产生屈曲扩展的压力 P_{in}(即扩展引发压力)要低。

如果在外部过压 $P=(P_0-P_i)$处于 P_{pr}和 P_{in}之间的管段内，不会引发屈曲扩张，但管段外的屈曲扩张却可进入该管段内。若要 $P\geqslant P_{in}$处安装了止屈器，则在 $P_{pr}<P<P_{in}$处就不必安装止屈器。

在海底管道设计中，如果管材选用合适，且径厚比得当，产生起始屈曲和屈曲扩张的可能性就可以减少到最低限度。但在很难避免的情况下，可采取下面两种措施。

(1)加大全线管壁厚度、减小 D/δ 比值来提高管道承受屈曲起始压力和屈曲扩张压力的能力。此方法虽可行，但是用钢量增加，并不经济。

(2)在管道上定点局部加厚，或采用止屈器(或加强环、止裂器等)，此方法比较经济，但要增加施工环节。

3.管道整体屈曲

管道(包括主管)受自身轴向压力、内力和外压作用,引发的“压杆屈曲”的“等效”轴向力:

$$S=N+\frac{\pi}{4}(D-2\delta)^2P_i-\frac{\pi}{4}D^2P_0 \tag{4-27}$$

上式中,当为压缩力时取 N 为正值。

若 S 值为正值,应与所讨论的悬空管段对应的“杆状屈曲”临界轴向力相比较。若 S 值为零或负值,表示不可能产生平稳,因此不必做管道总体稳定性校核,对于埋设管道一般也不予考虑。

对应于 S 要求的最小临界轴向力 S_{cr} 取决于轴向约束情况。若所讨论的悬空管段两端均被固定以防止轴向位移,则 S 不一定要小于 S_{cr},即使 S 超过 S_{cr},在产生有限的横向弯曲后,管段可处于新的平衡位置。这时应该校核可能的弯曲应力和弯曲引起的屈曲,这与一般钢结构中的安全性考虑是一致的。

4.3.3　疲劳

管道系统所有受到交变应力、有明显疲劳效应的构件,均需进行疲劳校核。疲劳校核的时间期限应等于系统的设计寿命,交变应力的累积效应要包括全部经历,即整个安装阶段和运行阶段。

影响疲劳的大多数载荷属于随机性质。确定疲劳载荷效应的长期分布,通常采用统计学分析,也可采用定量或谱分析。

疲劳分析可采用基于实验 S—N 曲线的损伤累积方法。累积损伤利用系数 η 来估计:

$$\sum_{i=1}\left(\frac{n_i}{N_i}\right)\leqslant\eta \tag{4-28}$$

式中,S——所考虑的应力分级数;

n_i——第 i 级应力实际循环次数;

N_i——当应力保持第 i 级应力值时,导致结构疲劳损伤的应力循环次数。

根据管道所在位置的检测与修理条件确定利用系数 η 值。对可检测与修理部位,η 的建议值为 0.3;对不可检测与修理部位,η 的取值为 0.1。

疲劳分析也可采用断裂力学方法进行研究,所用的特征参数和安全准则应与分析对象的实际情况相适应。

4.4 特殊载荷作用下管壁的强度校核

根据工作时的强度要求所选的钢管,要用一些特殊载荷来校核管壁的强度。特殊载荷主要有:管道试压试验时的试验压力;管路内可能产生的水击压力;某些特殊的方式应力和处于地震区域的地震载荷等。

4.4.1 试验压力

为了确保海底管道铺设以后的可靠性,在钢管制造、焊接加工、管道制作、施工安装和铺设等各个环节都应保证质量。其中,管道的试压试验是检验管道质量的一个重要环节。通常在管道建设中有如下试压试验项目。

(1)钢管制造厂出厂的每一节钢管,例如12m长的钢管,在出厂前都要进行水压试验,水压试验一般都在钢管制造流水线上进行,一般输油管道用的钢管,在单节管出厂时的水压试验压力 P_T 多数在5~10MPa;用于输气的钢管,单节管出厂时的水压试验压力 P_T 在10~15MPa。

(2)在制作过程中的“双节管”(由2~3个单节管对焊而成)或由单节管焊接成的长管段,例如50~60m、100~120m或300~500m的长管段,同样需要进行水压试验。

(3)管道铺设后或试运转前,要对全线进行水压试验与气密试验。对于长管段和管道全线的水压试验和气密试验的压力,根据管道用途及管路上各种管件(阀、闸等有关设备和附件)性质而定,水压试验压力通常取管道正常工作压力的1.25~1.50倍,但是任何管道的水压试验压力都不应低于1.5MPa。

水压试验时,可以用内压作用下的环向应力为基础来核算管壁厚度,这时的工作内压应是试验压力 P_T。校核时应把管壁腐蚀余量包括在内。由于试验压力属于临时性载荷,校核时管材容许应力取 $[\sigma]=0.9\sim0.96\sigma_s$。

4.4.2　水击压力

输油管道在运转过程中，由于操作失误或控制系统失灵，使阀门急速关闭，造成管道内出现“水锤”现象。由于水锤引起的水击压力比正常的管道内压力高出很多，因此，对可能出现水击压力的管道应进行在水击压力下的管壁强度核算。

水击压力计算，可先从压力波在管路内传播速度着手进行分析，管路内压力波的传播速度 V 可由下面的吉格(Jaeger)公式求得：

$$V=\sqrt{\frac{1}{\frac{\gamma_0}{g}\left(\frac{1}{\beta_0}+\frac{D_i e}{E\delta}\right)}}\ (\mathrm{m/s}) \tag{4-29}$$

式中，γ_0——管内液体容重(N/m^3)；

g——重力加速度(m/s^2)；

β_0——管内液体体弹系数，对油约为 9.3×10^2 MPa；

D_i——管子内径(m)；

e——系数，$e=1-\mu^2$(μ 为钢材泊松比 $\mu=0.3$)，故 $e=0.91$；

E——钢管材料的弹性模量，E=206GPa；

δ——管壁厚度(m)。

根据管段长度和管路内压力波的传播速度，可分为急速关闭和缓关闭两种情况。下面按两种情况分别计算水击压力。

1.急速关闭时的水击压力

当阀门关闭时间 T 小于压力波在计算管路内往返一次所需的时间$\left(\frac{2L}{V_a}\right)$，即 $T\leqslant\frac{2L}{V_a}$时称为急速关闭。其中 L 为计算管段长度。急速关闭时的水击压力可按儒科夫斯基(Joukowsky)公式计算：

$$H=\frac{V_a\cdot V}{g}$$

$$V=\frac{Q}{3600\,\frac{\pi D_i^2}{4}} \tag{4-30}$$

$$P=H\cdot\gamma_0$$

式中，H——水击压力的水头高度(m)；

V_a——管路内压力波传播速度(m/s);

V——管路内液体的平均流速(m/s);

Q——管路的体积流量(m^3/s);

D——管内径(m);

P——急速关闭时的水击压力(Pa);

γ_0——管内液体的容重(N/m^3)。

2.缓慢关闭时的水击压力

当阀门关闭时间 T 大于压力波在管路内往返一次的时间,即 $T>\frac{2L}{V_a}$时称为缓慢关闭。大多数手动阀门操作属于缓慢关闭。缓慢关闭时的水击,可按阿列维(Allievi)公式计算。

令

$$\varphi=\frac{V\cdot V_0}{2gH_0}$$

$$[u]=\frac{2L}{V}$$

则

$$\theta=\frac{T}{[u]}(T\ 为阀门实际关闭时间)$$

令

$$\xi^2=\frac{h+H_0}{H_0}$$

即

$$h=H_0(\xi^2-1)$$

当 θ 和 ε 值较大时,ξ_{max} 可按下式求得:

$$\xi_{max}=\frac{\varphi}{2\theta}+\sqrt{\left(\frac{\varphi}{2\theta}\right)^2+1}$$

如果最初静水压头 $H_0=\frac{P_{max}}{\gamma_0}$时,其中 P_{max} 为管路内正常的最大工作压力,γ_0 为管路内液体的容重,则

$$h=H_o\left(\xi^2-1\right)=\frac{P_{max}}{\gamma_0}\left(\xi_{max}^2-1\right)$$

$$P=h\cdot\gamma \tag{4-31}$$

式中,P——缓慢关闭时的水击压力(Pa);

h——以 P_{max}、ε_{max} 代入求得的缓慢关闭时在管路内升高的水头(m);

γ_0——管路内液体的容重(N/m^3)。

3.管壁强度校核

管壁应力仍按内压作用下管壁的环向应力公式计算,即 $\sigma_y=\dfrac{PD_0}{2g}$。其中,$P$ 为管路内最大工作压力与水击压力之和,即

$$P=P_{max}+P_q \tag{4-32}$$

管路内出现的水击压力是一种偶然性载荷,因此钢管材料的容许应力[σ]需要提高,但也不应大于 0.96σ。

4.4.3　地震载荷

当管道处于地震烈度大于 7 度的地震区时,应考虑地震载荷对管道的影响。地震时管道受到的破坏,是由于地震波沿着管轴线方向通过时,管道周围土体变形迫使管道要有同样的变形所造成的,这种变形使管道承受较大的轴向拉应力。对于弯曲管道和大直径管道还应考虑弯曲变形。所以埋置的管道在地震时的破坏主要是由于承受过大的轴向拉应力和弯曲应力所致。

1.地震时的管道应力

对海底埋置的管道,地震时管道与周围土体不同变形而引起管道产生附加应力,其大小可近似地按下式计算:

轴向
$$\sigma_{max}=\frac{KgT}{2\pi V_l}\cdot E \tag{4-33}$$

切向
$$\tau_{max}=\frac{KgT}{2\pi V_t}\cdot G \tag{4-34}$$

式中,σ_{max}——地震引起的管道最大轴向拉应力(MPa);

τ_{max}——地震引起的管道最大剪切应力(MPa);

E——管材的弹性模量,钢材的 $E=206\text{GPa}$;

G——管材的剪切模量,钢材的 $G=79\text{GPa}$;

V_l——地震纵波在土壤中的传播速度(m/s);

V_t——地震横波在土壤中的传播速度(m/s);

T——地面运动时特征周期(s);

g——重力加速度(m/s);

K——地震系数。我国地震规范规定,对应用于地震烈度 7、8、9 度分别为 0.1、

0.2和0.4。

V_l、V_t 及 T 与地基土体类别的关系，如表4-4所示。

表4-4 不同地基土体类别的 V_l 及 T 的数值

地基土体类别	T/s	V_l/(m/s)
坚实地基土体	0.1～0.2	＞400
洪积层土地基	0.2～0.4	400～250
冲积层土地基	0.4～0.6	250～150
软弱地基	0.6～1.0	150～50

注：一般 $V_t=(0.5\sim0.6)V_l$。

地震弯曲管段引起的附加弯曲应力为：

$$\sigma_{B\max}=\frac{Kg}{V_l^2}r_0E \tag{4-35}$$

由弯曲变形引起的附加剪切应力为：

$$\tau_{B\max}=\frac{Kg}{V_t^2}r_0G \tag{4-36}$$

式中，r_0—— 管道的外半径(m)。

2.地震对海底管道的影响

上述地震引起管道的附加应力，无疑是地震对管道的主要影响，除此之外，在1973年《日本石油管道企业和设施技术标准的详细规定》中提到的地震对管道的影响，还有地震引起的惯性力、附加土压力和动水压力等。

(1) 地震引起的惯性力。惯性力是由管道单位长度的质量(包括管内充油的质量)和附加质量与地震时地面加速度的乘积，惯性力包括水平和垂直两个部分，以外力形式作用于管道质心位置。

水平惯性力为：

$$\begin{aligned}P_{MH}&=\left(\frac{W_p+W_0+W_p'}{g}\right)a_{\max}\\&=\left(\frac{W_p+W_0+W_p'}{g}\right)Kg\\&=K_p(W_p+W_0+W_p')\end{aligned} \tag{4-37}$$

垂直惯性力为：

$$\begin{aligned}P_{MV}&=K_V(W_p+W_0+W_P')\\&=\frac{K}{2}(W_p+W_0+W_P')\end{aligned} \tag{4-38}$$

式中，W_p —— 海底管道单位长度的质量；

W_0—— 单位长度管内液体的质量；

W'—— 管道在地震作用下的附加质量，根据管道周围土体松软程度可取单位管长体积土质的 0.5 ～ 1.0 倍；

$a_{\max}$—— 地震时地面运动的最大水平加速度，$a_{\max}=Kg$ ，其中 K 为地震系数，对应于 7、8、9 度地震烈度分别为 0.1、0.2 和 0.4；

K_V —— 垂直地震系数，通常

$$K_V=\frac{1}{2}K$$

(2) 地震引起的附加土压力。对于埋置在海底的管道，由地震引起的附加土压力为：

$$P_{ES}=\gamma_s hD_0K_V=0.5\gamma_s hD_0K \tag{4-39}$$

式中，P_{ES}—— 地震时管道单位长度上的附加土压力；

γ_s —— 管道周围土的浮容重；

h —— 管顶以上的埋置深度；

K_V —— 垂直地震系数 $K_V=0.5K$；

K—— 水平地震系数；

D_0—— 管外径。

地震载荷作用于海底管道，是一种偶然的特殊载荷。在海底管道的抗震设计中，应该以正常运行状态与地震载荷进行组合，地震载荷不再与其他环境载荷进行组合。在进行地震载荷管壁强度校核时，按照地震载荷的特殊条件和作用性质，允许提高管壁钢材强度的容许应力。日本、美国等国家有关规范中规定，在地震载荷作用时，允许提高钢材的容许应力 1.7～1.8 倍，即 $[\sigma]_E\leqslant(1.7\sim1.8)[\sigma]$ 。对于普通钢材，$[\sigma]_E\leqslant0.96\sigma_s$；对于高强度钢 $[\sigma]_E\leqslant(0.85\sim0.90)\sigma_s$，其中 σ_s 为钢材的屈服强度。

3.抗震设计与计算

为了满足海底管道抗震的要求，除研究管道在地震作用和影响下的地震载荷外，如何对管道进行校核，也是管道抗震设计中必须解决的问题。

地震时管道承受的各种应力前已述及。对这部分应力只要确定载荷组合条件，就可以进行核算。对作用于管道质心位置的地震引起的水平和垂直惯性力、附加土压力及外动水压力等，一般可按以下方式考虑。

(1) 对于地震引起的惯性力和外动水压力，可将管道视为弹性地基上的无限长梁，分别作用有垂直和水平的均布载荷，求解出管道应力，再与同时出现的应力叠加。

(2) 对于内动水压力和弯曲管段引起的内动水压力,应与工作内压叠加。

(3) 地震引起的附加土压力,只看作加大了管子上作用的土压力,可与原来作用在管子上的土压力叠加。

4.提高管道抗震能力的措施

为了提高管道的抗震性能,要求管道有一定的埋深(如管顶以上需覆盖土层1.5～2.0m)。为防止管道固定联接部位的损坏,采用柔性接头以提高管道的抗震性能。在海底分叉部位或三通局部予以加强,以提高局部抗震能力。海底管道在确定轴线时要尽可能避开倾斜度大的地段、深坑凹陷和沟坎等复杂地段,如必须穿越时,应对管道采用加固措施。另外,改进管道的工艺布置和规划,对管道抗震性能的提高影响也很大。

海底管道的立管抗震性较差,应特别注意与海底管道与固定式采油平台之间的联接和固定。而且,要对地震后次生灾害引起的立管损坏加以仔细考虑,以便采取相应的加固措施。

思考题

(1) 海底管道的载荷如何分类?

(2) 载荷组合的基本原则是什么?

(3) 海底管道的断面构造型式有哪几种?

(4) 在双层管结构中,内管与外管间的联接方式有哪几种?

(5) 海底管道强度设计与计算的目的是什么?

(6) 如何计算温度变化引起的强度计算?

(7) 根据什么理论进行钢管的强度计算?

(8) 管道可能出现哪几种屈曲形式?

(9) 地震载荷对管道破坏的主要原因是什么?

(10) 采取哪些措施提高管道抗震能力?

第 5 章　海底管道的稳定性设计

5.1　海床基础对海底管道稳定的影响

海底管道铺设在天然海床上，由于管道轴向尺度远大于径向尺度，所以它对海床基础的变化十分敏感。在考虑地基对海底管道稳定的影响时，主要有下述几个方面。

5.1.1　海床地基的承载力

关于海底管道的地基基础问题，目前尚无成熟的理论和设计方法，通常根据条形基础平面问题概念来解决工程中的问题。它的基本观点是海床地基的最大承载力 σ 应该小于海床地基的允许承载能力 $[R]$，即

$$\sigma = K\frac{V}{B_e} \leqslant [R] \tag{5-1}$$

从上式可见，海床基础应力的推导要涉及基础有效宽度 B_e、作用在基础底面的垂直分力 V 和各种海床土壤的允许极限承载能力 $[R]$ 等。下面按管道在海床上裸放和埋放两种情况来考虑。

1.裸放在海底的管道

管道直接裸放在海底的情况，如图 5-1 所示。

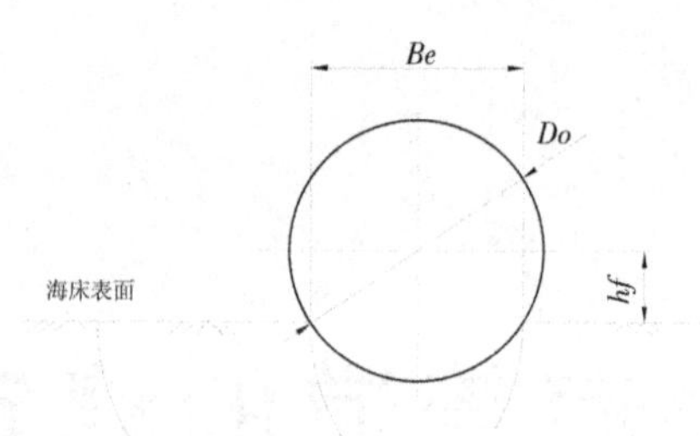

图 5-1　裸放在海床的管道

(1) 载荷。管道受到的海流力、波浪力、管道水下自身重力(包括管内输送物质的重力)等水平和垂直载荷的作用,其合力的斜率为:

$$\tan\delta = H/V$$

式中,δ—— 基底面上合力作用线与垂线夹角;

H—— 作用于基底面以上的水平力;

V—— 作用于基底面以上的垂直力,它包括管道自身水下重力 W_p 和海流的升力 F_L。

(2) 基础有效宽度。管道与基础接触,最初为线接触,这时海床承受压力最大;若管道下沉,其深度为$(0.5D_0 - h_f)$且 $0 < h_f \leqslant 0.5D_0$ 时,管道与基础接触的有效宽度为:

$$B_e = \sqrt{{D_0}^2 - 4{h_f}^2} \tag{5-2}$$

(3) 基础承受的压力为:

$$\sigma = \frac{V}{B_e} = \frac{W_p - F_L}{\sqrt{{D_0}^2 - 4{h_f}^2}} \tag{5-3}$$

式中,W_p—— 水下单位长度管道的重力,包括内输物、混凝土加重层重力;

F_L—— 海流引起的管道升力;

D_0—— 管道外径;

h_f—— 管道下沉后,从管中心到海床表面的距离。

(4) 地基容许承载力[R]的计算。浅层地基极限承载能力与三种因素有关,即地基土壤黏结力、基础边载荷情况和基础平面以下土壤性质。对裸放管道,入泥深度较小,侧边载荷可以忽略,按条形基础考虑,其地基极限承载能力按下式计算:

$\Phi > 0$ 时

$$R = \frac{1}{2}\gamma_l B_e N_r i_r + C \cdot \cot\Phi (N_q d_q i_q - 1) \tag{5-4}$$

$\Phi = 0$ 时

$$R = [(\pi + 2) S_u (1 + d_{CB} + i_{CB})] \tag{5-5}$$

式中，γ_l—— 基础平面以下土壤浮重度(N/m^3)；

B_e—— 基础有效宽度(m)；

N_q—— 与边载荷有关的承载系数；

$$N_q = e^{\pi\tan\Phi}\tan^2\left(45° - \frac{\Phi}{2}\right)$$

N_r—— 与基础下面土壤有关的承载力系数；

$$N_r = 1.5(N_q - 1)\tan\Phi$$

C—— 土壤内聚力(kPa)；

Φ—— 内摩擦角(°)；

i_r、i_q—— 与合力倾斜率有关的倾斜系数；

$$i_r = \left[1 - \frac{0.7H_B}{V + B_e C\cot\Phi}\right] \qquad (\Phi > 0)$$

$$i_q = \left[1 - \frac{0.5H_B}{V + B_e C\cot\Phi}\right]$$

d_q—— 与基础埋深 d 有关的深度系数 $\Phi > 0$；

$$d_q = 1 + 2(1 - \sin\Phi)^2\tan\Phi \cdot \frac{d}{B_e}$$

当$d = 0$ 时，$d_q = 1$；

S_u—— 土壤不排水抗剪强度(kPa)；

d_{CB}—— 与基础埋深 d 有关的深度系数($\Phi = 0$)

$$d_{CB} = 0.4\frac{d}{B_e}$$

i_{CB}——与合力倾斜率有关的系数($\Phi = 0$)；

$$i_{CB} = 0.5 - 0.5\sqrt{1 - \frac{H_B}{B_e S_u}}$$

H_B——与管径平行的载荷水平分力。

由计算法求得地基的极限承载能力，除以安全系数后可得容许承载能力

$$[R] = R/K$$

一般安全系数取 $K = 1.1 \sim 3.0$。

2.埋置在海床面以下的管道

如图 5-2 所示，$h_f > D_0/2 + (0.5 \sim 1.5)m$。

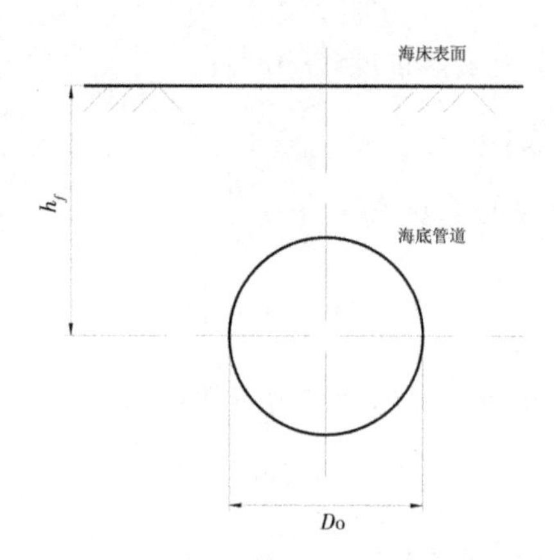

图 5-2　埋设的海底管道

(1)管道受力。这时管道不受海流的作用，只受管道顶部土壤重力和管道自身重力作用，其有效垂向载荷 $V=W_p+\gamma_2 h_f D_0$。同时因无水平力作用，所以 $\tan\delta=0$。

(2)基础的有效宽度。从图 5-2 可见，当 $h>0.5D_0$ 时，基础与管道接触的有效宽度始终为：

$$B_e=D_0$$

(3)基础所承压力为：

$$\sigma=\frac{V}{B_e}=\frac{W_p+\gamma_2 h_f D_0}{D_0} \tag{5-6}$$

式中，W_p——管道单位长度的水下重力；

γ_2——基础底面以上土壤的浮重度；

h_f——埋置管中心到海底面距离。

(4)地基容许承载能力$[R]$。因为此时的埋深较大，基础两侧皆有土体作用，即基础的侧边载荷将起作用。基础极限载能力的计算公式应为：

$\Phi>0$

$$R=\frac{1}{2}(\gamma_1 B_e N_r i_r)+qN_q N_q i_q+C\cot\Phi(N_q d_q i_q-1) \tag{5-7}$$

式中，q——基础底面以上由土重和其他恒载组成的侧边载荷(kPa)；

$\Phi=0$

$$R=(2+\pi)S_u(1+d_{CB}+i_{CB}+q) \tag{5-8}$$

其中的符号同前。

得出的基础极限承载力，必须除以安全系数 K 后，得容许承载能力：

$$[R]=R/K$$

一般取安全系数 $K=1.1\sim3$。

5.1.2　海床地基上管道的侧向稳定

管道裸置或埋置在海床上，在其水平方向位置上的变动可能会发生，这种变动就是滑移。管道滑移会对管道系统产生不良影响，需要将管道的横向滑移控制在一定范围内。产生滑移的原因主要有：

(1)海流力的直接作用，是裸置海底管道滑移的主要原因。当海床与管道间的摩擦阻力不能抵抗海流对管道所产生的水平力时，管道将产生滑移。通常是利用加大管道的水下重力来解决滑移问题。

(2)海底海流对基床的冲蚀，是裸置海底管道移动的另一原因。尽管此时的海流力不能直接推动管道，但它使管道周围的土壤受到冲刷，管道呈局部悬空状态，海流对管道后方和下方进一步冲刷掏空，到一定程度后，管道在重力和海流拖曳力作用下会发生下垂，并向后移动继而滑陷。

(3)由于长期大面积海床地貌演变，某些海床逐渐被冲蚀而塌陷，产生足以引起管道损坏的横向力，这种损坏可从管道使用期内的海床演变规律预测，并予以防护。

(4)在重力作用下(如管道的重力、土壤的重力、水压力等)，经波浪、地震或管道自振等诱导，往往导致一定深度的海床松动，造成斜坡海床上的裸置或埋置管道发生横向滑移，而且往往是在一定长度的整体滑动，对于大颗粒沉积物的海床，斜坡倾角较大时管道更可能发生滑移。

下面对管道的静态稳定性进行计算。

1.海底裸置管道侧向稳定计算

管道裸放在岩性基础或较硬土壤基础的海床上时，如图 5-3 所示。波浪、海流作用力的水平分量导致管道侧向移动。一般要靠管道自身的重力保持其侧向稳定。

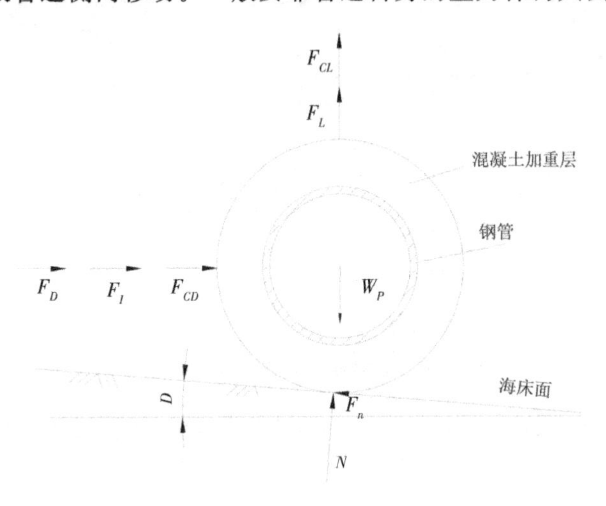

图 5-3　管道裸放时的侧向稳定

管道保持稳定时，由平衡方程，有：

$$\sum X=0, F_D+F_I+F_{CD}+N\sin\alpha-F_n\cos\alpha=0$$

$$\sum Y=0, F_L+F_{CL}-\frac{W_P}{K_W}\cos\alpha+N\cos\alpha-F_n\sin\alpha=0 \tag{5-9}$$

式中，F_D——波浪引起的水平拖曳力；

F_I——波浪引起的水平惯性力；

F_{CD}——海流引起的水平拖曳力；

W_P——管道的水下设计重力；

α——海床坡角；

N——地基给管道的法向反力；

K_W——校正系数；

F_n——管道与海床之间的摩擦力。

2.管道局部深埋时侧向稳定的计算

在某些条件下，只需开挖很浅的沟槽，利用土壤的侧向阻力，就可使管道与波、流外力平衡。基础较硬的岩石或砂土海床上可简单地挖一个 V 形沟槽，将管道放在沟槽内，靠自然回填或不用回填就可以自行保持稳定，如图 5-4 所示。

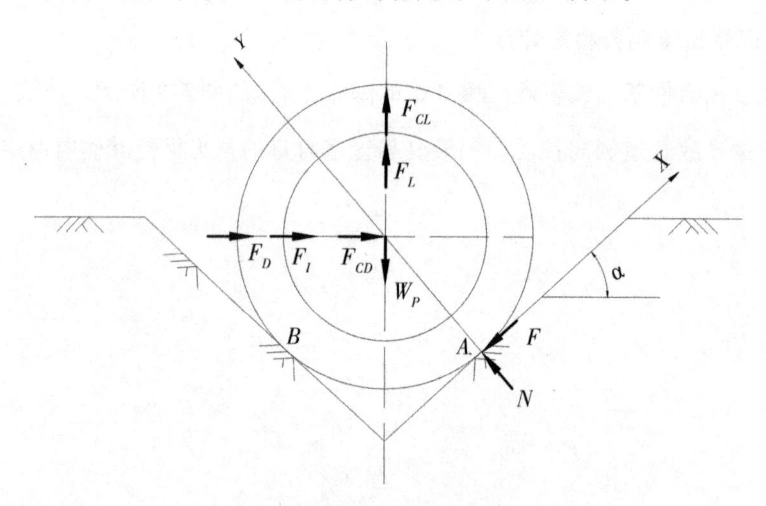

图 5-4 局部埋置在硬沟槽中的管道

这种方式，除了有管道与海床基础之间的摩擦力外，还利用沟槽与管道运动方向相反的附加形状阻力。

从图中可见，管道受向左的波浪、海流力的作用，水平分力和垂向升力与管道重力作用保持平衡，研究向右移动临界状态的平衡，方程如下：

$$\begin{cases}\sum X=0,(F_D+F_I+F_{CD})\cos\alpha+(F_L+F_{CL})\sin\alpha-W_P\sin\alpha-F=0\\ \sum Y=0,-(F_D+F_I+F_{CD})\sin\alpha+(F_I+F_{CL})\cos\alpha-W_P\cos\alpha+N=0\\ F=\mu N\end{cases}\tag{5-10}$$

式中，W_P——单位长度管道水下设计重力；

F_D——单位长度管道上波浪的拖曳力；

F_I——单位长度管道上波浪的惯性力；

F_{CD}——单位长度管道上的海流力；

F_L——单位长度管道上波浪的升力；

F_{CL}——单位长度管道上海流的升力；

α——沟槽斜边与水平线夹角；

μ——管道与海床土壤间的摩擦系数。

将式(5-10)整理可得在沟槽内管道稳定所需的水下设计重力：

$$W_P=(F_D+F_I+F_{CD})\frac{1}{\mu_e}+(F_L+F_{CL})\tag{5-11}$$

式中，μ_e——有效摩擦系数，$\mu_e=\dfrac{\sin\alpha+\mu\cos\alpha}{\cos\alpha-\mu\sin\alpha}$。

在软土地基海床上局部埋深的管道，埋放处的土壤被动土压力和土壤黏结力为管道提供侧向阻力，以抵抗波浪、海流对管道的作用，如图 5-5 所示。

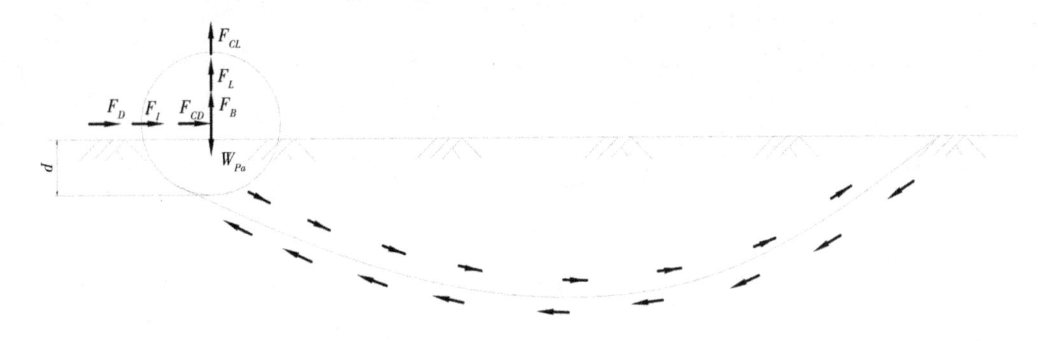

图 5-5　局部埋置中软土管道的侧向稳定

垂向稳定时有

$$F_B+F_L+F_{CL}<W_{Pa}$$

侧向稳定时有

$$F_D+F_I+F_{CD}<T$$

而

$$T=(W_{Pa}-F_B-F_L-F_{CL}-P_W)\tan\Phi+AC\tag{5-12}$$

式中，F_L——单位管长上波浪的升力；

F_{CL}——单位管长上海流的升力；

F_D、F_I——单位管长上波浪的拖曳力、惯性力；

F_B——单位管长上的浮力；

F_{CD}——单位管长上海流力；

T——单位管长上土壤基础有效总抗滑力；

d——管道的埋置深度；

P_W——附加静态渗水压力；

Φ——土壤的内摩擦角；

C——土壤的黏结力；

A——管道与土壤的接触面积；

W_{Pa}——单位长度管道在空气中的设计重量。

3.管道全部埋置或其埋深远大于管道直径时的侧向稳定计算

如图 5-6 所示，管道不再受波、流载荷的作用，主要作用力是管道自身重力和顶部土壤重力。

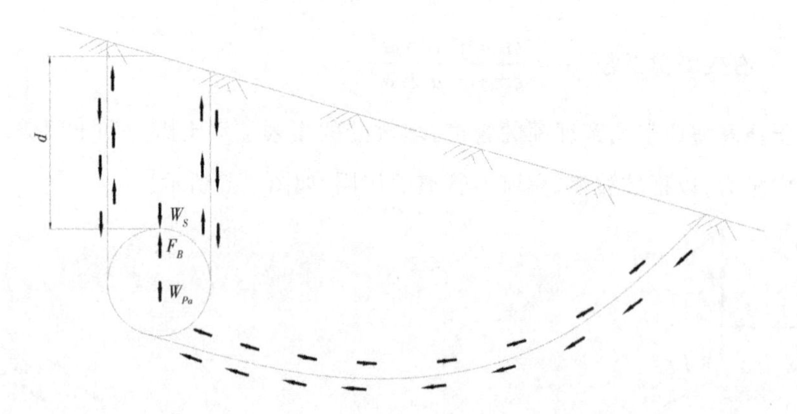

图 5-6　深埋管道的滑动

在波浪、地震等动力外载诱导下，往往产生深层滑动，尤其是在有坡度的海床上，必须校核以下四种情况：

(1)$W_{Pa}>F_B$。

(2)虽然 $W_{Pa}<F_B$，但 $W_{Pa}+W_s\geqslant F_B$。

(3)虽然 $W_{Pa}+W_s<F_B$，但 $W_{Pa}+W_s+C\geqslant F_B$。

(4)虽然 $W_{Pa}+W_s<F_B$，但 $W_{Pa}+W_s-F_B\leqslant T$。

$$T=\frac{d+D_0{}^2}{2}\gamma_s\tan\Phi+CA$$

式中，W_s——埋置管道顶部以上土壤的水下重力；

d——管道埋置深度(从管底到海床面)；

D_0——管道外径；

γ_s——土壤水下重度。

上述都是管道在埋置深度处的稳定条件，但是还有其他影响稳定的因素，如航道中抛锚、渔业拖网等，对管道的撞击、拖移等。

4.侧向稳定设计的几点说明

(1)侧向稳定设计组合载荷。应取管道上垂直和水平力同时作用的最不利组合，除波浪、海流环境载荷外，管道自身重也应取最不利的重力作为设计重力，按挪威船级社有关规定，考虑沉陷时所取的管道设计重力应为充满水时的管道重力，而考虑漂浮时应取满气体或空气时的管道重力。

(2)管道与海床土壤的摩擦系数。μ 随土壤性质和管道外表涂装情况而不同，可参考表 5-1 选取。

表 5-1　土壤摩擦系数

土壤性质	光管或仅带防腐涂层	有混凝土加重层
黏性土	0.1～0.3	0.3～0.5
砂土	0.5	0.5～0.7
砾 石	0.4	0.5
岩基	0.3	0.7

(3)侧向稳定的安全系数一般取 1.1～1.15。挪威船级社规范中规定，如果管道的移动可由管道和海床之间摩擦力或土壤塑性变形产生的反力来约束，则此土壤侧向阻力的安全系数最小，取为 1.1。

5.1.3　海流和波浪引起的管道周围地基土的局部冲刷

管道周围地基土壤的局部冲刷主要与海流、潮流或波流等动力因素和海底土壤的力学特性有关，松散的粉沙土壤对冲刷尤为敏感。管道周围的局部冲刷机理是非常复杂的。一般认为波浪和海(潮)流等引起的底流流经管道时，在管道周围形成强烈紊动的旋涡水面，它掀起管道周围的泥沙，并携带被掀起的泥沙下行，于是在管道周围形成了冲刷。图 5-7 为在波浪和海流作用下一埋置在土壤中的管道周围的局部冲刷过程。

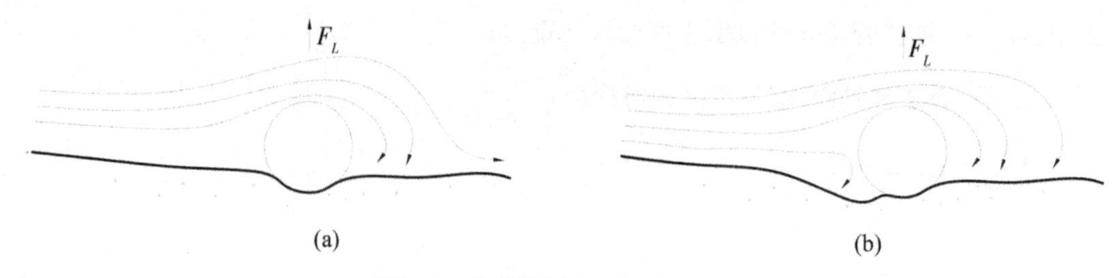

图 5-7　管道周围的局部冲刷过程

(a)管道下游面发生冲刷　(b)管道上、下游面发生冲刷,底部发生淘刷

管道周围冲刷坑的平面尺寸和深度主要取决于海流的紊动强度和旋涡的尺度,而紊动强度和旋涡尺度取决于海底管道周围的海流速度。由于管道底部被淘刷,造成管道悬空,继续冲刷,管道的悬空长度也会逐渐增大,当增大到一定长度时,将可能发生涡激振动导致管道断裂,所以海底管道稳定设计必须对土壤泥沙的起动流速和最大冲刷深度两个问题进行研究。起动流速一般是指泥沙起动时的平均流速,它是由泥沙颗粒直径 d、密实程度等力学特性决定的。

5.2　海底管道的稳定性设计

引起海底管道不稳定的因素主要有环境外力、管道重力及海床地基等,而这三者又是相互影响的。为了使管道有良好的稳定性,需要进行管道的稳定性设计。所谓稳定性设计,就是管道在海底整个使用期内正常运转的工况下,或某种稳定措施(挖沟、埋放、锚固等)未施加之前的工况下,管道轴线位置不能超出允许范围的变化,由此出发,找出管道在各种外力作用下得以平衡的最佳水下重量,并以科学的方法进行设计计算。

5.2.1　管道稳定性设计的条件

(1)环境设计条件。应在沿管道长度的若干位置上调查确定各种环境条件参数,如重现期、波高、波浪周期等。测点位置取决于管道的长度、结构型式、水深、海底土壤及水文气象等条件。

(2)工程地质条件。根据管道长度和地质条件变化,沿管道轴线适当间距布点进行工程地质现场勘探,取得土壤分类、密度、强度等物理力学指标,提供浅层与深层钻孔柱状图、地质断面图、地基承载力评价、土壤颗粒分析、地下水及流沙层情况、海床冲淤及稳定性分析、海区地震及砂土液化效应等资料。

(3)地貌及水深条件。沿管道轴线两侧各20m走廊带，进行地形地貌勘测。绘制1∶500～1∶1000的地形图，严格控制线路及高程的测量，对管道的起始点、转折点、重要闸阀或管件、建筑物、沉船埋石布标。严格进行水深测量，标明各种特征海平面和特征潮位，标出岩石露头、海底陡坡、凹地等的地形特征，对沿管道有重大变化、可能导致管道不稳定的地理因素进行横断面测量。

(4)管道数据条件。需提供管道的外径、壁厚、防腐涂层的密度和厚度，混凝土加重层的厚度，正常工作状况下作业介质密度，管道材料及其力学性能等。同时还要提供管道所必需的固定约束、不能移动(或部分移动)的部件及其位置，如海底阀门、膨胀弯管，管道与立管连接点、管道交叉点、管道与某些建筑物毗邻处以及管道从沟槽中露出点等。

(5)载荷及工况条件。除按有关规定进行一般的环境载荷、工艺载荷等的设计计算外，还应考虑与管道稳定性设计有关的载荷和工况的设计。一般也归纳为作业状态和安装状态。在稳定性分析中，作业状态系假定管道内充满正常作业压力下计划输送最小密度的介质；安装状态是指安装之后搁置在海底，一直到埋放或试投产之前的状态，除管道安装后立即灌水外，通常假设管道内充满空气。在检验埋放管道的下沉或上浮可能性时，不管是输液管或输气管，一律规定：考虑下沉时管内充满水，而考虑上浮时管内充满天然气或空气。

5.2.2　管道稳定性设计准则

一般除允许变形、热膨胀及安装沉陷位移外，其他应予考虑的稳定性设计准则包括横向位移、管壁应力/应变、管道的上浮与下沉、管道屈曲、管道疲劳损伤、涂层磨损与失效、牺牲阳极块的脱落等。其中以横向位移和应力/应变为控制性的设计准则。

(1)横向位移准则。管道在海床上允许的横向位移与海底障碍物、勘测走廊带宽度以及距离平台或其他约束结构的位置有关。一般规定，允许的横向位移应限制在铺管区勘测走廊带的一半之内，这意味着管道不能移出允许的走廊带。通常管道的一区走廊带宽度的一半为20m，二区为0m。从稳定性角度看，管道的阀件、交叉点、T型与Y型接头和膨胀弯管等，一般按二区考虑；但是在二区如果位移效应能被管件、支撑结构等所接受，则横向位移也可增大到0m以上。安装状态允许的位移取决于铺设和投产之间的时间间隔，并根据具体环境条件而定，建议允许横向位移为5m，当然横向位移不能破坏其他设计准则。

(2)弯曲应变准则。主要考虑横向位移在管道固定点之间产生的弯曲应变，这些固定点包括立管接头、海底阀门和海底基盘等。不能因横向位移导致管道的过大应变、管子椭圆化以及材料的屈曲。如果得不到具体资料，允许应变按下式确定：

$$\varepsilon = 7.5\left(\frac{D}{t}\right)^2 \tag{5-13}$$

式中，D——管材直径；

t——管材壁厚。

最大应变极限为 0.01，如图 5-8 所示。

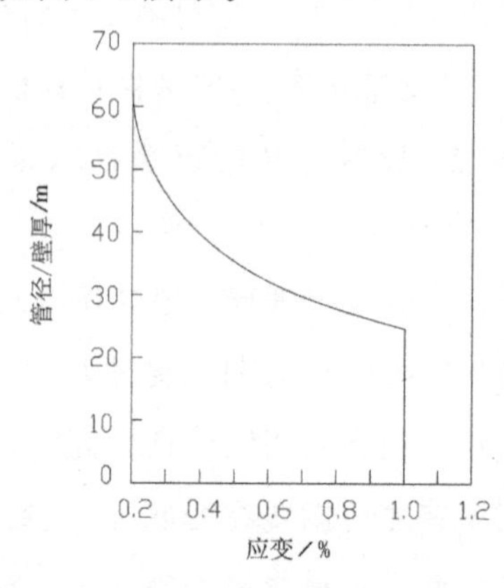

图 5-8　应变极限

5.2.3　管道的稳定性设计

1.稳定性分析方法

（1）动力分析法。对放置在海床上的管道，从海流动力、土壤阻力、边界条件和结构响应等方面进行动态模拟，以取得管道在非线性特征下的时域解，在整个历时过程中与稳定性各项准则相校核。

（2）综合稳定性分析法。根据动力响应模型做一系列的分析，通过一组无量纲参数和特定边界条件（如载荷参数、重量参数、时间参数、流速与波速比、土壤相对密度和土壤抗剪强度），综合给出一组无量纲的稳定曲线，导出管道在给定海况条件下的综合响应。

（3）简化稳定性分析法。根据管道上作用的外力，建立一个简化的准静态平衡的物理模型，这里把需要的水下管道重力作为唯一的参数，其中包含的校正系数 K_w，是根据横向位移达 20m 时的设计管道状态所推求的，并包含着一般的安全系数 1.1。

上述三种方法中，动力分析法是综合稳定性分析法的参考基础，它用在沿管道关键的地方（如立管连接处、管道交叉处）做详细分析。综合稳定性分析法建立在动力分析法的基础上，适用于初步设计计算和详细设计计算，尤其适宜于可能位移和应变严重的管段使用。简化稳定性分析法广泛用于稳定性设计计算，它把综合稳定性分析与古典静力设计研究联系起来，并被综合稳定性分析法所校准。一般来说，简化稳定性分析法给出的管道重力较综合稳定性分析法所得的结果更为保守。

2.设计比率

当管道被裸放在海床上，地基承载能力已核算符合要求时，在静水情况下管道主要是在海水中取得平衡，靠自身重力与浮力保持稳定。根据工程实践和实验，人们常将管道设计重力用比率 ρ_p 的概念来表示。比率 ρ_p 为管道在空气中单位长度的重力 W_{pa} 与浮力 P_B 之比，即

$$\rho_p = \frac{W_{pa}}{P_B} \tag{5-14}$$

配重后管体单位长度在空气中重力

$$W_{pa} = W_I + \pi(D_0 + t_e)t_e\gamma_e + W_0 \quad (\text{kN/m})$$

式中，W_I——钢管及防腐绝缘层、保温层的重力(kN/m)；

D_0——包括绝缘层、保温层在内的钢管外径(m)；

t_e——加重层厚度(m)；

γ_e——加重层的重度(kN/m³)；

W_0——管内输送物质的重力(kN/m)；空管及输气时，W_0可不计。

配管后的管道浮力

$$P_B = (\pi/4)(D_0 + 2t_e)^2\gamma_w \quad (\text{kN/m})$$

式中，λ_w——海水的重度(kN/m³)。

根据经验，输送不同流体的管道，设计比率不同值。可取

$$\rho_p = \frac{W_{paa}}{P} \geqslant 1.03 \quad (输气)$$

$$\rho_p = \frac{W_{pao}}{P} \geqslant 1.50 \quad (输油)$$

$$\rho_p = \frac{W_{paw}}{P_B} \geqslant 1.80 \quad (输水)$$

式中，P_{paa}——输气时，单位管长在空气中的重力，通常不计管中气体重力；

$P_{pao,P_{paw}}$——输油、输水时，单位管长在空气中的重力，应计及管中油水重力。

美国企业建议，输气管道 $\rho_p=1.6\sim2.0$；输油空管 $\rho_p=1.03\sim1.91$；输油管道 $\rho_p=1.58\sim2.4$。

管道的设计比率 ρ_p 与水深、海床地质和潮流速度等自然条件有关，也与管道输送的流体介质及管道铺设方法有关。据对某一定管径、一定壁厚及有加重层的输油管道进行试验，当受不同潮流速度作用时，观测管道的不同状况(见图5-9)，在静水中即海流速度为零时，管道重力和所受浮力一定，即比率一定，管道处于稳定不动状态。

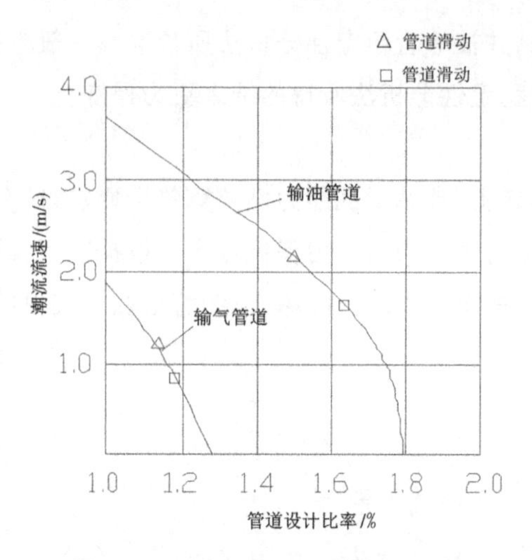

图 5-9　不同潮流流速时管道的比率

随着潮流速度的增大，管道因受到一定的海流升力故比率变小；当减小到一定比率时，管道开始被掀动。当流速再增大，管道上的海流升力增大，比率更加减小，同时水平力也在加大，从而使管道开始滑动并最终失去稳定。输气管道试验表明，在静水中稳定时 $\rho_p=1.24$，在潮流被掀动时 $\rho_p=1.18$，在潮流作用下被移动时 $\rho_p=1.1$。同尺度而输送不同介质的管道，达到相同状态时的比率并不一样。管道的比率影响铺管的施工方法。如管道的沉放与管道浮力有关，管道牵引与管道自重、表面粗糙度及海底摩擦有关。比率大时，牵引管道所需的力大，管截面受的拉力也大，从而又涉及施工设备等问题。

从理论上说，只要比率小于 1.03，即管道重力小于浮力，管道就要浮起。比率增大虽对管道稳定有利，但又带来其他问题。所以比率的取值要综合考虑管道稳定性(最基本的)、运输、铺设难易以及经济性等诸方面因素。

3.设计水下重度

当管道被埋置在极软的或易液化的砂性土中且受动载荷作用时，管道稳定性主要是与周围土壤取得平衡，靠管道的合理自重保持在土体中的位置。从这一角度出发，人们通常把管道的自重控制在一个与土壤水下重度和黏结强度有关的数值范围之内，即：

$$管道的设计重度\ \gamma_p \approx 土壤等效重度\ \gamma_s \pm R$$

其中 $R=\dfrac{2C}{D_0}$，表示管道在上浮、下沉时单位长度上的土壤摩擦阻力；C 为土壤饱和黏结强度；D_0 为管道外径。上式也可表达为：

$$\gamma_s-\frac{2C}{D_0}\leqslant\gamma_p\leqslant\gamma_s+\frac{2C}{D_0} \tag{5-15}$$

两边同除以海水重度 γ_w，有：

$$G_S-\frac{2C}{D_0\gamma_w}\leqslant SG\leqslant G_S+\frac{2C}{D_0\gamma_w}$$

$$\gamma_p=\frac{W}{0.785D_0{}^2}=SG\cdot\gamma_w \tag{5-16}$$

式中，γ_p——水下管道单位体积的重度(kN/m³)；

SG——管道水下的重度与海水重度之比值；

γ_s——土壤的饱和重度(kN/m³)；

$$\gamma_s=\frac{G_S\gamma_w(1+\omega)}{1+G_S\cdot w} \tag{5-17}$$

W_p——单位长度管道水下重力(kN/m)；

G_S——土壤重度与海水重度之比值；

γ_w——海水重度(KN/m³)；

ω——土壤含水量(%)。

上面式(5-15)的物理意义在于：上限为 $\gamma_p\leqslant\gamma_s+\frac{2C}{D_0}$，表示管道在土壤中不会因过重而下沉；下限为 $\gamma_p\geqslant\gamma_s-\frac{2C}{D_0}$，表示管道在土壤中不会因过轻而上浮，这样便给出了管道在埋放土壤中不沉不浮、上下稳定的设计重度的范围。

在管道稳定性设计中，如果充满水的管子重度小于土壤(包括含水量)的重度，则无须进一步计算就可证明抗下沉是安全的。对于土壤抗剪强度低的管道，应该核算地基承载能力；如果土壤是液化的或可能液化的，则考虑液化深度或下沉时出现的阻力，把管道下沉深度限制在一定的位置或采取其他稳定措施。对于充满天然气或空气的管道，若重度小于土壤重度，则应校核土壤剪切强度能否防止管道上浮。液化的或可能液化的土壤中充气管道的重度不应小于土壤重度。表 5-2 给出了国外管道的比值 SG。

表 5-2　不同类型管道的水下比重

管道类型	管道比值 SG
海上输气管道	1.28～1.55
海上输油管道	1.09～2.05
湖泊、海湾、淡水区输气管道	1.11～1.42
穿越河流输气管道	1.06～2.00
穿越河流输油空管道	1.00～1.91
穿越河流输油管道	1.58～2.47

4.管道设计负浮力

在涉及管道稳定性时，通常采用负浮力的概念。所谓负浮力，就是管道在水中的重力，以 N_F 表示。一般浮力方向是向上为正，而水下管道的重力方向向下，与浮力方向相反，故称为负浮力。

$$N_p = W_{pu} - P_B = W_p$$

式中，N_F——负浮力(kN/m)；

W_{pu}——管道在空气中单位长度重力(kN/m)；

P_B——单长管道的浮力(kN/m)；

W_p——单长管道的水下重力(kN/m)。

管道设计负浮力概念简单、直观、使用方便，它不仅常用于工作状态下的稳定性设计，也常用于安装状态的施工过程中。如通常管道在陆上制作时，根据施工条件、设备等，将负浮力控制在100～400N/m；若用牵引法铺管时，再将负浮力调至10～150N/m；若用铺船铺管，负浮力可控制在50～400N/m，这称为重力调节。

从上述可以看到管道的比率 ρ_p、重度 γ_p 及负浮力 N_P 从不同角度、不同状态代表着不同概念，但都是在管道稳定性设计中描述管道重力的重要参数。管道的比率 ρ_p 用于裸放管道重力与水介质重力相比较；管道重度 γ_p 用于埋放管道重力与土壤重力相比较；而负浮力通常用在管道施工中。上述三个参数都是从不沉不浮这一情况出发，考虑管道在垂向的稳定性，但当有水平外力作用时，还须核算管道的侧向稳定性。

5.3 保持海底管道系统稳定的工程措施

当海底管道靠自身重力不能保持稳定时，必须采取适当人工措施。这些措施包括：增重法、压置法、埋置法、锚杆锚固法、锚桩锚固法、护盖法、减冲法和减振法等。

5.3.1 用增重法保护海底管道的稳定

增重法就是增加管道的重力，也就是增大管道的负浮力。增加管道结构的质量通常有两种途径，即增大钢管管材质量和管外设加重层的方法。

增大钢管管材质量主要是增大管材的壁厚，因为管道的直径(内径)已由管道输送的工艺设计规定。双层管往往是增加外管壁厚，这样增重的效果较大，而且在施工中给管道带来的应力增量最小。

用增重法最省事，无需其他工程措施，只需设计中考虑尺寸即可。同时此法排水体积增加不大，负浮力的净增率较高。例如 ϕ426mm 的管道，其重力 1403.6N/m，若将其壁厚由 7mm 增为 10mm，此时管重力为 2194.9N/m，增加重力 791.3N/m，占原管重的 56.3%。

增重法的最大缺点是不经济。由于钢材价格较高，为混凝土价格的3 ～ 5 倍，所以只在个别情况下应用。例如，在某些地形狭窄、附近有建筑物等铺设困难或操作不方便的局部管段使用；对某些短管道，用其他稳定方法需有各种附加工程，从整体上看不如用增重法经济；某些情况下管道急需增重时，也可采用此法。

5.3.2　混凝土加重层的增重法

加重层是用较经济的、密度较大的物质涂敷在钢质管道的外表以增加管道的重力，涂层成为管道结构的一部分，一同装运、沉放。加重层的材料目前多数采用钢筋混凝土，其中钢筋做成钢筋笼或钢丝网。该层也作为管道的保护层，它在施工过程中有保护防腐绝缘层不受机械损伤以及防海生物侵蚀的作用，所以又称为防护加重层。

1.加重层重力

加重层重力计算公式为：

$$W_{cd}=\frac{N_B+F'_B-W'_{pa}}{1-\gamma_w/\gamma_c} \tag{5-18}$$

式中，W_{cx}—— 防护加重层在空气中的重力；

N_B —— 管道的设计负浮力；

F'_B —— 未包加重层前管道的浮力；

W'_{pa}—— 未包加重层前管道在空气中的重力；

γ_w —— 海水重度；

γ_c —— 防护加重层材料水上的重度。

2.加重层厚度

由式(5-18) 求得的加重层在空气中的重力 W_{cd}，就满足：

$$W_{cd}=[\pi\ (R_0+t_c)^2-\pi R_0^2]\gamma_\ell$$

$$W_{cd}\approx 2\pi R_0 t_c \gamma_c$$

所以加重层厚度为：

$$t_c=\frac{N_B+F'_B-W'_{pa}}{2\pi R_0(\gamma_c-\gamma_w)} \tag{5-19}$$

式中，R_0—— 未包加重层前管道的外半径。

3.用加重层保持海底管道稳定性的特点

(1) 既能保护管道稳定、较经济，又能保护防腐绝缘层。对长输管道，效益更显著。

(2) 海底管道混凝土加重层与一般混凝土结构不同,特别强调混凝土的质量,它的变化对管道的水下重力影响很大。而加重层的质量与其厚度 t_c、混凝土的重度(密实性)及混凝土的吸水率有关,与加重层的施工质量有密切关系。

(3) 混凝土加重层对管道负浮力起调节作用,管段从钢管焊制到涂敷绝缘防腐层后,重力往往与原设计有出入。通过实测负浮力可知应涂混凝土加重层质量,并按该质量来设计。

(4) 混凝土加重层除使管道能在位稳定外,还对管道铺设施工方法有影响。如在深水用底拖或在浅水用索引法铺管时,可能需要对管重进行调节。如何调节,还取决于牵引绞车能力和管道所承受的轴向应力。随负浮力的增大,绞车所需牵引力增大,图 5-10 为管道负浮力和绞车索引力的关系。

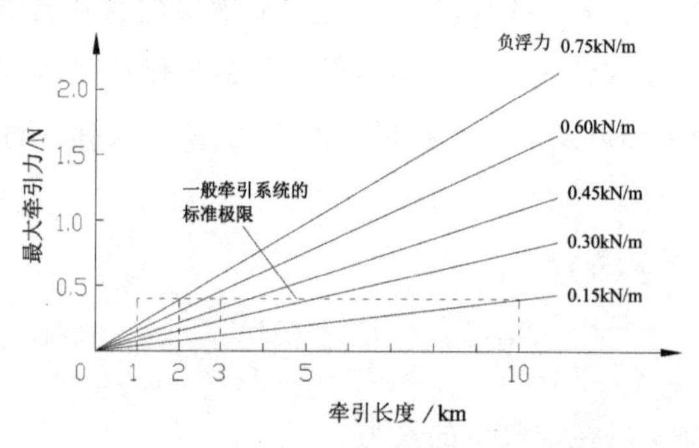

图 5-10　管道负浮力对牵引负荷的影响

施工中用浮筒或其他方法,一般对 3～5km 的管道,底拖时负浮力控制在 150～300N/m,在深水或牵引条件好时,负浮力最大达 700～900 N/m。

5.3.3　压块法

由于混凝土加重层法施工不方便,故将管道在位稳定需要的质量改在铺设后再加到管道上,这部分质量往往是一些特制块状物体,故称压块法。

1.压块的材料与型式

压块由普通混凝土(重度 $\gamma_c=23\sim24\text{kN/m}^3$)或重质矿石、铁砂混凝土($\gamma_c=28\sim45\text{kN/m}^3$)制成,一般制成下列型式:

(1) 铰链式。它是两片弧形预制块,中间以铰相连,能靠自身重力保护在位稳定,可自由张开,所以水下安装比较方便。但配筋、装绞和预制加工较繁,成本高。

(2) 马鞍式。根据断面形状分矩形、梯形、拱形和多用梯形。这种压块用混凝土制成,只要装上吊点即可使用。

(3) 现场浇注的柔性压块。它是由潜水员把含氯丁橡胶的尼龙编织袋放在管道上，然后通过供料管不断注入水泥浆，直到重力满足设计要求，混凝土在此位置上固化的同时把海底管道固定。这种压块最大优点是混凝土固化时能和下面管道牢牢地固结在一起，当受海流力尤其受升力时，管道和压块不会脱开。

2.压块的布置方式

压块可以连续沿管道压盖，也可以间断，或者同一条管道的不同部位有的连续、有的间断，也可分别用铰链式或马鞍式压块。布置方式取决于各处海流条件、海底地形地质条件，以及施工安装方法和施工进度要求等。

3.稳定压块的重力设计

(1) 连续布置，如需满足垂向、水平向的稳定时，单位管长上压块水下重力为：

垂向：

$$Q_{C1}=K_V(F'_L+F'_{CL})\quad (\text{kN/m}) \tag{5-20}$$

水平向：

$$Q_{C1}=\frac{K_H}{\mu_1}\frac{(F'_1+F'_D+F'_{CD})}{\mu_2}+(F'_L+F'_{CL})-W_p\quad (\text{kN/m}) \tag{5-21}$$

两者中取较大者。

(2) 均匀间断布置时(见图 5-11)，每段稳定压块的水下重力 Q_{C2}，也应满足垂向和水平向的稳定。

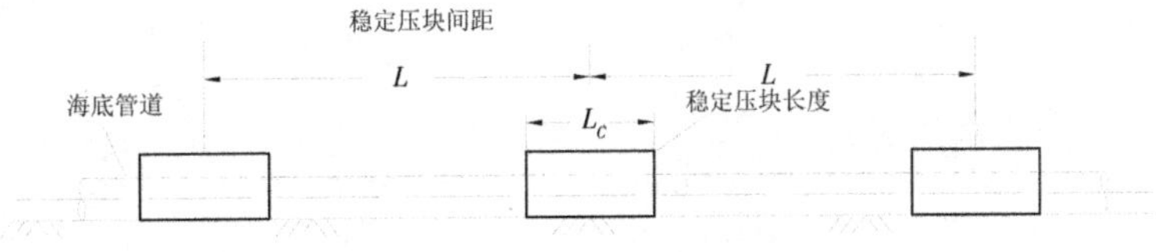

图 5-11　间断布置的稳定压块

垂向：

$$Q_{C2}=[K_V(F_L+F_{LC})(L-L_C)+K_V(F'_L+F'_{LC})L_C-W_pL]\frac{1}{L_C}\quad (\text{kN/m}) \tag{5-22}$$

水下向：

$$Q_{C2}=K_H\left[\frac{(F_I+F_D+F_{CD})(L-L_c)+(F'_I+F'_D+F'_{CD})L_c}{\mu_1 L_c}\right]-$$

$$\frac{\mu_2}{\mu_1 L_c}[W_p\cdot L-(F_L+F_{CL})(L-L_C)]+(F'_L+F'_{CL})\quad (\text{kN/m}) \tag{5-23}$$

式中，Q_{C1}—— 单位长度管道上压块的水下重力；

Q_{C2}—— 每段压块的水下重力；

F'_L，F'_{LC}—— 单位长度压块上波、流产生的升力；

F'_I, F'_D, F'_C —— 单位长度管道上的波浪惯性力、波浪拖曳力和海流阻力；

F_L, F_{LC}—— 单位长度管道上波、流产生的升力；

F_I, F_D, F_{CD}—— 单位长度管道上波浪惯性力、波浪拖曳力和海流阻力；

L —— 间断布置时管道分段的长度；

L_C —— 间断布置时压块段的长度；

W_P —— 单位长度管道的水下重力；

μ_1—— 混凝土压块与海床的摩擦系数；

μ_2—— 管道与海床的摩擦系数。

计算取由式(5-22)、式(5-23) 计算所得 Q_{C2} 的较大者。

5.3.4 锚杆锚固稳定法

对于岩性基础海床，尤其管道上岸段，由于基槽开挖困难，而常采用锚杆锚固法来固定裸放在海床上的管道。锚杆结构如图 5-12 所示。

锚杆锚固法整体受力过程中，主要外力为浪流对管道的作用，它们最终形成一个弯矩和一对剪力(见图 5-13)，这些力将由锚杆传递给海床岩石。在传递中锚杆承受拉力、压力和剪力，当波、流环境力与锚杆锚固力平衡时，才能保护管道稳定。

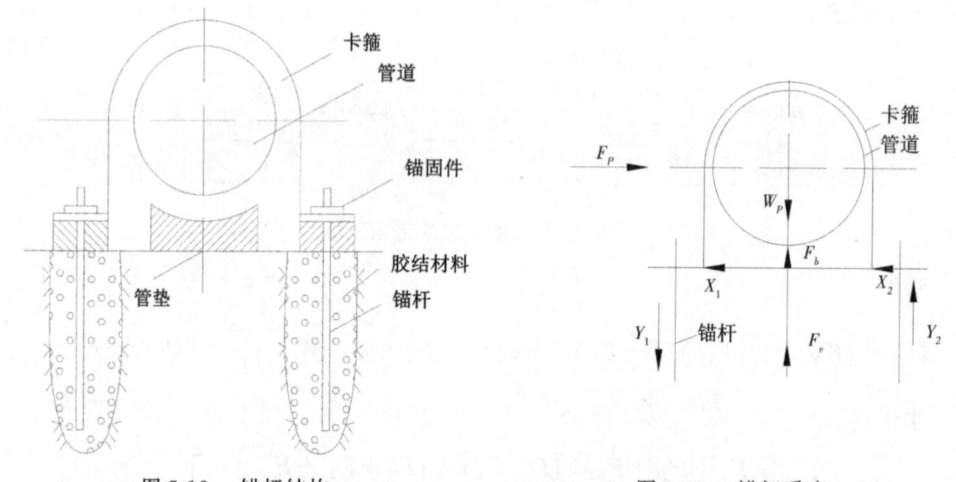

图 5-12　锚杆结构　　　　图 5-13　锚杆受力

锚杆锚固力的大小，主要取决于锚杆的材料强度、锚杆直径、锚孔深度、胶结材料性质以及岩石本身的解理和性质等。一般用钢的锚杆，其粗细、结构取决于外力大小、施工机械、海上作业条件和岩石强度。锚孔直径一般为锚杆直径的 1.5～2 倍。锚孔深度以穿入新鲜岩石至少达锚杆直径的 30 倍为宜，一般为 2～3 m，视岩石性质而定。胶结材料通常用高强速凝水泥砂浆，也可以采用某种化学胶结材料，其抗剪强度必须满足设计要求。表 5-3 给出了某输水管道锚固力的试验资料。

表 5-3　锚杆拉力(抗拔力)试验资料

锚杆直径 /mm		孔深 /m	锚杆拉力 /kN	砂聚与岩盘的平均剪切强度 / (N/cm^2)
A	70	1.50	50	15
	70	1.50	10	21
B	110	2.10	190	36
	110	1.50	190	36
	110	1.20	＞250	60～72

锚杆锚固能力的计算如下：

1.锚杆直径的计算

管道位置确定后，根据当地环境条件计算出作用在管道上的最大波、流力。锚固段上的总波、流力将由两根锚杆承担。一根锚杆上的拉力为：

$$N_1 = K_1 \frac{\pi d_0^2}{4} \sigma_s \tag{5-24}$$

式中，d_0—— 锚杆有效直径；

σ_s —— 锚杆钢材的屈服强度；

K_1—— 受拉安全系数，限 $K_1 = 0.95 \sim 1.0$。

考虑到锚杆的腐蚀，直径需加腐蚀余量5 ～ 8mm，所以锚杆直径应为：

$$d_1 = d_0 + (5 \sim 8)\,\mathrm{mm}$$

2.胶结材料与锚杆黏结强度计算

锚杆所能承受的最大拉力 N_2，靠胶结材料与锚杆之间黏结力平衡，则

$$N_2 = K_2 \pi d_1 h_2 \tau_2 \tag{5-25}$$

式中，N_2—— 锚杆承受的最大拉力；

d_1—— 考虑腐蚀余量后的锚杆直径；

h_2—— 锚杆锚固长度；

τ_2—— 胶结材料与锚杆的平均抗剪强度；

K_2—— 安全系数，最低为 $K_2 = 0.9$。

从上式可看出，黏结力与胶结长度 h_2 和黏结抗剪强度 τ_2 有关，可通过两种途径来满足式(5-25)。

(1) τ_2 已知。大量试验得到水泥砂浆的抗剪强度约为20 ～ 30MPa(200 号以上的砂浆)，如取 $\tau_2 = \sigma_2/100$(Q235-A 圆钢)，所以有

$$h_2 = \frac{100 N_2}{K \pi d_1 \sigma_2}$$

(2) h_2 已知。若令式(5-24) 与式(5-25) 相等,则

$$K_1 \frac{\pi}{4} d_0^2 \sigma_s = K_2 \pi d_1 h_2 \tau_2$$

再令 $K_1 \approx K_2$, $d_0 \approx d_1$,则有

$$h \approx \frac{d_1 \sigma_s}{4\tau_2} \tag{5-26}$$

再将 $\tau_2 = \sigma_1/100$ 代入式(5-26),则

$$h_2 \approx \frac{100}{4} d_1 = 25 d_1$$

将此式代入式(5-25),得平均剪切应力为:

$$\tau_2 = \frac{1}{25\pi} \frac{N}{K_2 d_1^2}$$

此式是按圆钢设计,若不能满足,可用螺纹钢代替,因为螺纹的裹附力大,平均抗剪强度 $\tau_2 = 2\sigma_s/100$,则

$$h \approx 12.5 d_1$$

$$\tau_2 = \frac{1}{1.25\pi} \frac{N}{K_2 d_1^2}$$

可见当用螺纹钢作锚杆时,在同样拉力 N_2 下,锚固长度为圆钢锚杆的一半,其平均抗剪强度比圆钢锚杆大 1 倍。

3.胶结材料与锚孔岩壁的黏结强度

锚杆拉力通过胶结材料传给锚孔壁,如图 5-14 所示,其力平衡后有

$$N_3 = K_3 \pi D h_3 \tau_3 \tag{5-27}$$

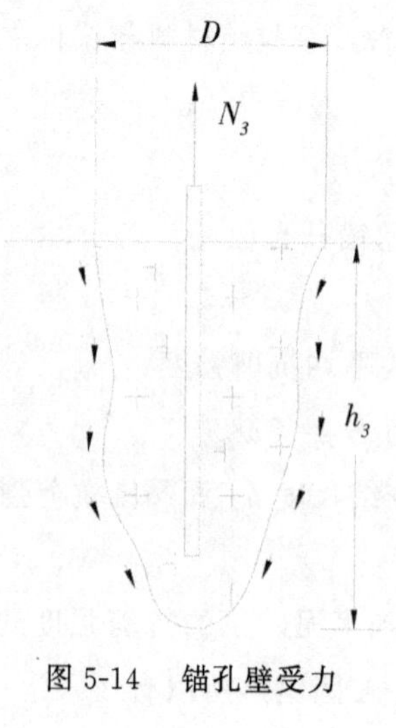

图 5-14　锚孔壁受力

式中,N_3—— 锚杆设计拉力;

D —— 锚孔的直径;

h_3—— 锚孔深度；

τ_3—— 胶结材料与岩壁之间的平均抗剪强度；

K_3—— 胶结材料与岩壁结合的安全系数，取 0.9。

上式中锚孔直径 D 和锚孔深度 h_3 应比锚杆直径 d_3 和锚杆锚固深度 h_2 大一些，一般取 $D \geqslant (1.5 \sim 2) d_1$ 和 $h_3 = (1.0 \sim 1.1) h_2$，这样不难从式(5-27) 中求得胶结材料与岩壁之间的平均抗剪强度为：

$$\tau = \frac{N}{K \pi D h}$$

假若认为锚孔岩壁受到的拉力就是锚杆受到的外力，即

$$N_3 = N$$

则

$$K_3 \pi D h_3 \tau_3 = K \pi D h \tau$$

取 $h_2 = h_3$，$D = (1.5 \sim 2) d_1$，代入上式整理后得

$$\tau_3 = (0.5 \sim 0.7) \tau_2$$

可见岩壁与胶结材料的抗剪强度只要为锚杆与胶结材料之间抗剪强度的一半或稍大即可。这样，要锚孔内灌注一种胶结材料，只要锚杆的裹附力足够，则岩壁的黏结力也就得到满足。

4.岩盘的强度计算

岩盘是承受锚杆拉力的基础。根据岩石的力学性质，岩基受拉破坏时，其破裂面为一倒圆锥形表面，这时与锚杆拉力相平衡的是倒圆锥体的自重和圆锥体破裂面上的抗剪力，如图 5-15 所示。

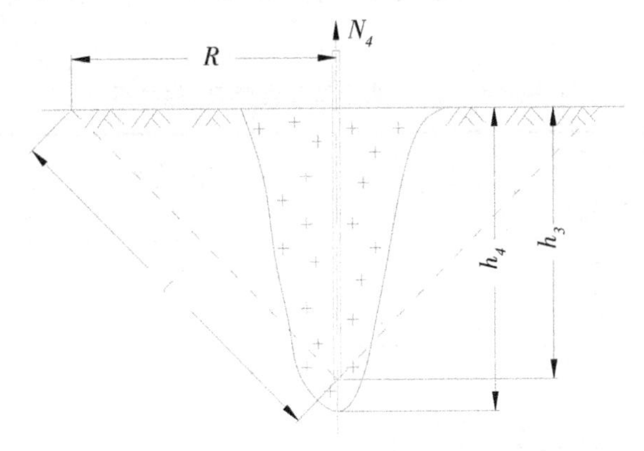

图 5-15　锚固岩盘的受力

其受力方程为：

$$N_4 = K_4 (V\gamma_s + S\tau_4)$$

$$\tau_4 = \frac{\frac{N}{K} - V\gamma}{S} \tag{5-28}$$

式中，N_4—— 锚杆计算拉力；

V —— 倒圆锥岩盘的体积；

γ_s —— 岩盘的水下重度；

S —— 倒圆锥体岩盘的破裂面积；

τ_4 —— 岩盘的抗剪强度；

K —— 安全系数。

若 $V=\pi R^2 h_4/3$，$S=\pi Rl$ 和 $l=\sqrt{R^2+h_4^2}$，代入上式，有

$$\tau=\frac{\dfrac{N_4}{K_4}-\dfrac{1}{3}\pi R^2 h_4 \gamma_s}{\pi R\sqrt{R^2+h_4^2}}=\frac{3N_4-\pi R^2 K_4 h_4 \gamma_s}{3K_4 \pi R\sqrt{R^2+h_4^2}} \tag{5-29}$$

式中，R —— 岩盘倒圆锥底的半径，它与岩盘的解理性质有关；

h_4 —— 圆锥体的高度。

一般岩盘破裂时，其顶部断裂位置在锚杆顶端与锚孔顶部之间，常常与锚孔深度有下列关系：

$$h_4=\varepsilon h_3 \tag{5-30}$$

式中，ε —— 折减系数，如表 5-4 所示。

表 5-4 锚孔折减系数 ε

锚孔深度 /m	1.0	1.5	2.0	3.0	4.0
ε	0.7	0.65	0.6	0.5	0.4

从试验资料可知，岩盘剪切强度 τ_4 与其抗压强度 R_S 有一定的关系，如表 5-5 所示。

表 5-5 τ_4 与岩盘抗压强度 R_S 的关系

岩石类别	τ_4
花岗岩	$0.02R_s$
砂岩	$(0.02\sim0.05)R_s$
石灰岩	$(0.04\sim0.10)R_s$

5.3.5 螺旋锚杆定位法

对于非岩类的软性土或硬性土海床，如地貌较稳定，管道裸放时可采用螺旋锚杆的定位方法。它由两根端部带有一个或几个螺旋圆盘的金属锚杆组成。当插入海床时，由旋转机构转动锚杆顶端的方钻杆，带动圆盘转动，在上部压重作用下，边转边压入海床，最终由卡箍将管道稳定。

螺旋锚杆一般插入海床 3～5 m。波、流对每个锚杆产生拉或压作用，如图 5-16

所示。

1.螺旋锚杆受拉

如图 5-16(b) 所示,此时

$$P = K(\tau_S LS + f + W_S + W_0) \tag{5-31}$$

式中,P —— 波、流作用在被锚杆支撑的管段上的升力与该管段的水下重力叠加后施加在一根螺旋锚杆上的拉力;

τ_S —— 锚杆单位面积上土壤侧向阻力;

L —— 锚杆总长度,即有效入土深度;

f —— 锚杆螺旋圆盘上土壤的吸附力,可取锚杆自重的 30%,即 $0.3W_0$;

S —— 锚杆螺旋圆盘的垂直投影面积;

W_S —— 锚杆螺旋圆盘以上到海床表面土壤的水下重力;

W_0 —— 螺旋锚杆的水下自重;

K —— 安全系数,$K = 0.95$。

2.螺旋锚杆受压

如图 5-16(c) 所示,此种锚杆若要顶部加下托架,也可用来承受压力,应满足:

$$P = K(\tau_S L_0 S + S\sigma - W_0) \tag{5-32}$$

式中,σ —— 锚杆螺旋圆盘下面土壤承载能力;

L_0 —— 锚杆螺旋圆盘到杆端部的长度。

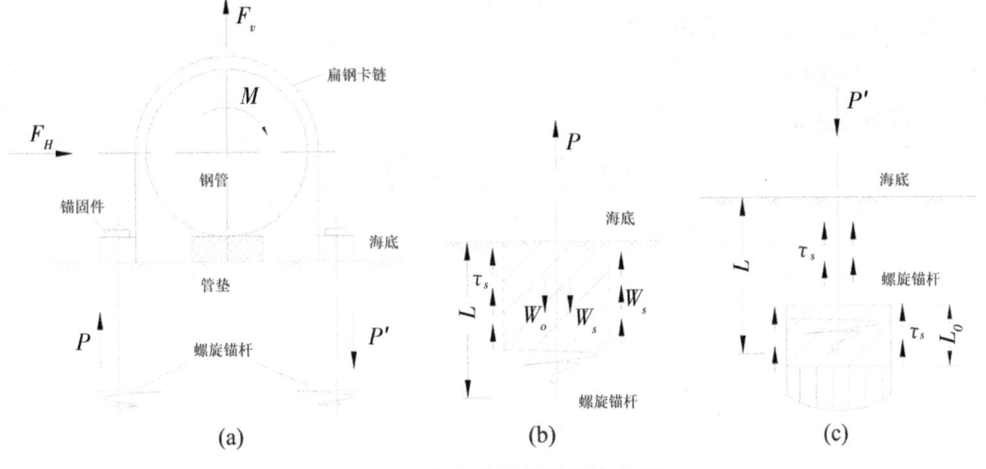

图 5-16　螺旋锚杆的锚固定分析

(a) 螺旋锚杆构造　(b) 螺旋锚杆受拉　(c) 螺旋锚杆受压

5.3.6　锚桩锚固定位法

前述锚杆定位适用在较稳定的海床上,对于那些易产生较大塌陷、滑坡或冲蚀的海床，尤其是土质较差、表层淤泥较厚面又需裸置的管道，可以采用锚桩来进行定位。它是靠桩基支撑在深层土壤，管道避开表层不稳定海床，从而承受波、流作用，以保持管道稳定。

锚桩的型式有两种，一种是用来固定一根管道的“丁”字形锚桩，另一种是用来固定多根管道的“门”字形锚桩。不管哪种，它们都由锚桩体、上横梁、下横梁、铸钢固紧件组成，如图 5-17 所示。

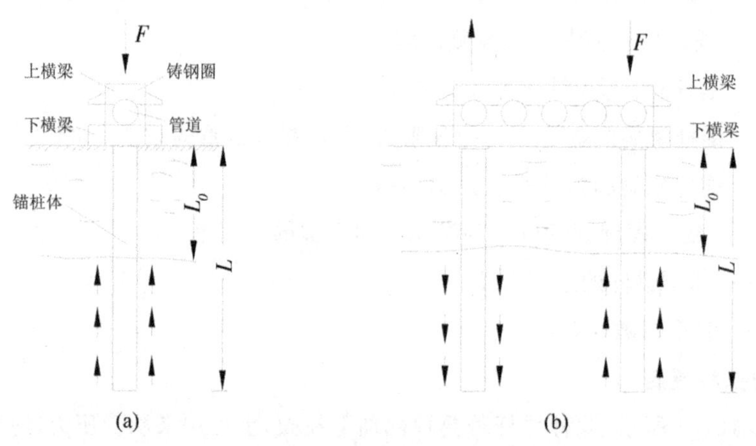

图 5-17　锚桩锚固管道

(a) 丁字形　(b) 门字形

锚桩体可以是钢管桩，也可以是钢筋混凝土桩，其尺度必须满足一系列土壤阻力的要求，其长度必需超过海床不稳层(塌陷线、滑动面、冲刷线等) 一定的深度。

锚桩的设计入土长度按两种情况求得。

1.丁字形锚桩

当锚桩受压时：

$$L=\frac{K\left(l\sum W_{np}+W_{x}\right)-S\sigma}{u\tau}+L_{0} \tag{5-33}$$

当锚桩受拉伸时：

$$L=\frac{Kl\sum\left(F_{nL}-W_{np}\right)-W_{0}}{u\tau}+L_{0} \tag{5-34}$$

式中，L —— 锚桩设计入土长度；

l —— 沿管道轴线上两锚桩的支撑距离，即管道的跨度，它可通过海流涡激振动的计算取得；

n —— 用锚桩定位的管道排数；

W_{np}—— 第 n 根单位长度管道的水下重力；

W_0—— 一根锚桩自身水下重力；

S —— 锚桩的横截面积；

F_{nL}—— 第 n 根单位长度管道上所受的升力；

σ —— 锚桩桩端土层的承载能力；

u —— 锚桩桩周长度；

r —— 锚桩有效入土深度处土壤单位面积的平均侧向摩阻力；

L_0—— 海床平面到土壤不稳定层的深度；

K —— 安全系数取 1.2。

锚桩入土长度限上两式计算所得大者。

2.门字形锚桩

当锚桩受压时：

$$L=\frac{0.5K\,(l\sum W_{np}+2W_0)-S\sigma}{u\tau}+L_0 \tag{5-35}$$

当锚桩受拉时：

$$L=\frac{0.5Kl\sum(F_{nL}-W_{np})-W_0}{u\tau}+L_0 \tag{5-36}$$

锚桩入土长度亦取上两式计算所得大者。

思考题

(1) 什么叫海底管道的稳定性设计？

(2) 影响海底管道稳定性的环境因素有哪些？

(3) 波浪对管道作用力有哪几个特征区域？管道系统波浪载荷特点有哪些？

(4) 管道上海流涡激振动情况的判断标准是哪些？如何防止管道发生涡激共振？

(5) 地基对海底管道稳定性的影响有哪些？

(6) 如何设计裸置在海床上的管道侧向稳定所需要管道的水下重力？

(7) 什么叫海底管道的比率？它与哪些因素有关？

(8) 保护海底管道稳定的工程措施有哪些？

第6章　海底管道的安装与施工

6.1　概 述

海底管道的施工过程主要包括管道路径确定、单根管道的加工与检测、防腐和配重层施工、海上铺管施工、全线测试与试运行等。

(1) 进行管道轴线位置的测定。根据设计确定的管道轴线的坐标位置，在现场用各种测量仪器，如在测量平台上的经纬仪，或用岸站无线电定位装置等，确定出管道的轴线位置。并在定出的轴线上标出有关控制点，如起点、转折点、终点等，用沉锤或浮标在海上标出这些位置，如图6-1、图6-2所示。

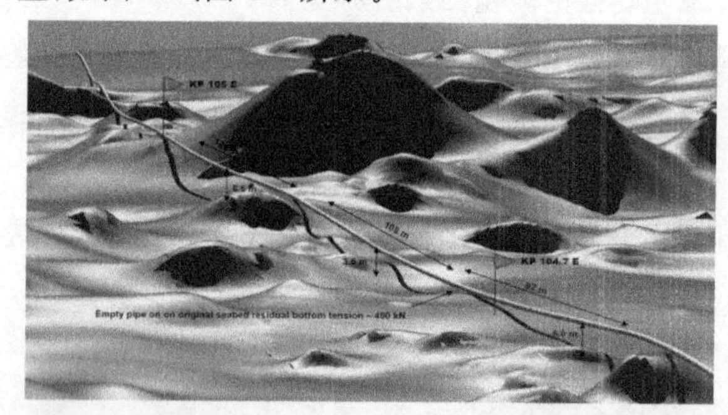

图6-1　挪威 Ormen Lange gas field 深水管道工程

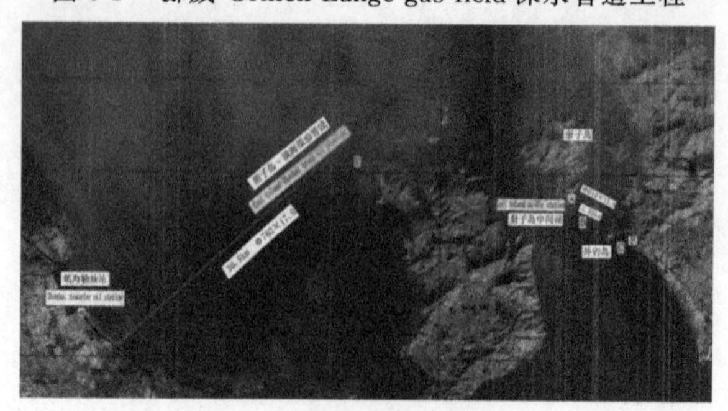

图6-2　舟山海底输油管道工程

(2) 管道的加工制作。单节钢管焊接成长管段，再将管段组装成管道。每节钢管内表面涂防腐层；外表面加防腐绝缘层、隔热保温层和外加重层。各道工序进行质量检验、管段试压及各种试验等。根据管道铺设方法，管道加工制作的场地可设在岸边或在驳船、铺管船上，在建设加工制作场地，安装施工机具。

(3) 管道加工完成后进行海上铺管施工。施工完成后再进行管道的试压和试运转。

管道的试压包括：在加工制作场对组装的管段进行试压，检验焊口的质量；在管道铺设后，管沟回填前的全管道试压。

海底管道的试运转是按使用要求和设计标准逐项测试，以便制定管道工艺操作规程。热油管道的试运转较为复杂，因刚铺设后管道温度和周围介质相同，开始输热油时，温差大、散热快、油温降幅大，易发生冻凝。埋地管道在试运转后，随着周围介质吸热温度提高后，温差渐小，热油的散热量和温降也减小，渐趋稳定，最终逐步转入正常生产。

热油管道试运转时，可以是冷管运转和预热运转。前者直接将要输送的油品通入，后者是选用低凝油或水作为预热介质，将管道预热到一定温度，然后再通入要输送的油品。对长管道用单向热流来预热，预热时间长，热介质用量大，有时起不到预热的效果。所以，常采用正、反向预热，即在管道起点和终点反复加热介质和正、反向在管道内通过，直到管道达到预热要求的温度。管道用热水预热后，用油顶水时，会形成一段油水混合物段。为了减少混油段的长度，可在油顶水时向管道放入一有弹性的隔塞。

6.2　海底管道铺设方法

按照铺管方式的不同，海底管道的铺设方法可分为拖管法、顶管法和铺管船法等。

6.2.1　拖管法

拖管法也称牵引法。在近海浅水区当铺管段距岸边几千米、水深 5～9 m 以内时，可以采用拖管法。拖管法中的管道一般在陆上组装场地或在浅水避风水域中的铺管船上组装成规定的长度，然后用起吊装置将管道吊到发送轨道上，再绑上浮筒和拖管头，用拖船将管道拖下水，按预定航线将管道就位、下沉，最后将各段管道对接，完成管道铺设全过程。

用拖管法时，受海底坡度、地质条件的影响较大，但海底作业的适应性较强，遇到大风浪时，可中断作业，以后再继续进行。牵引法要有大型牵引设备，陆上要有管道加工制作场地。为了保持管道海底牵引顺畅，要调节管道重力，使负浮力为 150～300 N/m。

拖管法又可分为以下几种方法：

(1) 浮拖法(surface tow)。管道漂浮在水面，前部由首拖轮通过拖缆拖航，后部用尾拖船通过拖缆控制管道在水中的摇摆。这种方法适用于海面平静、风浪较小的海域，拖航速度较快，但波浪引起的管道疲劳损伤较大。图 6-3(a) 为渤海登陆管线进行浮拖法施工，将浮筒拴在管道上，拖入海中时，管道在浮筒的作用下漂浮在海面上，然后用钢丝绳将拴浮筒的绳索依次拉断，管道缓慢入水。其工作原理如图 6-3(b) 所示。

浮托法的管道下沉方法有：支撑控制下沉、管内冲水下沉和浮筒控制下沉几种。管段从岸滩下水漂浮时，根据地形、潮位等情况用下水滑道。

浮托法的管道在浮运、沉放过程都受海上气象、风浪等条件的限制，中断作业往往造成较大损失。浮运、沉放过程要有较多的监护、通信联络、控制下沉的设备和工作艇。为了控制管道下沉顺序和速度，改善下沉时的受力情况和减少管道变形，要对管道的重力进行调节，浮托法在海面平静、风浪较小的海域铺设 3～5km 的管道较适宜、经济。

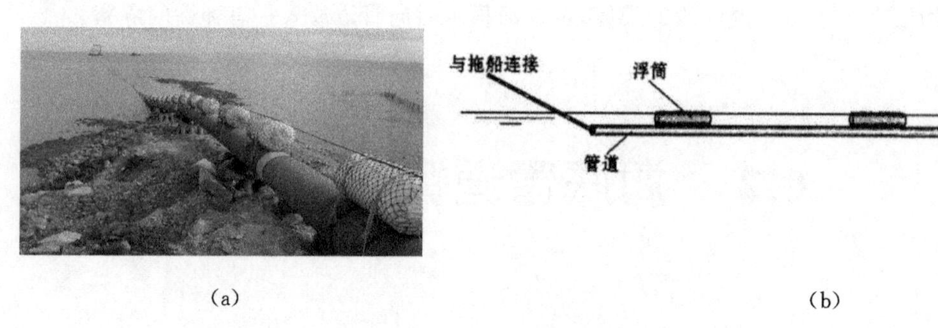

(a)　　(b)

图 6-3　海底管道的浮拖法

(a) 渤海登陆管线进行浮拖法施工　(b) 浮拖法施工工作原理

(2) 水面下拖法(below surface tow)。此方法与浮拖法相似，只是为了避免波浪对管道的影响，利用浮筒将管道悬浮在距海面一定深度下。相对于浮拖法，此方法可使管道的运动和疲劳损伤都大大减小。

(3) 离底拖法(off-bottom tow)。利用浮筒和压载链将管道悬浮在距海床一定高度上，再由拖轮拖航。这种方法适用于海底地形已知情况，需要的拖力很小，疲劳损伤也较小，如图 6-4 所示。

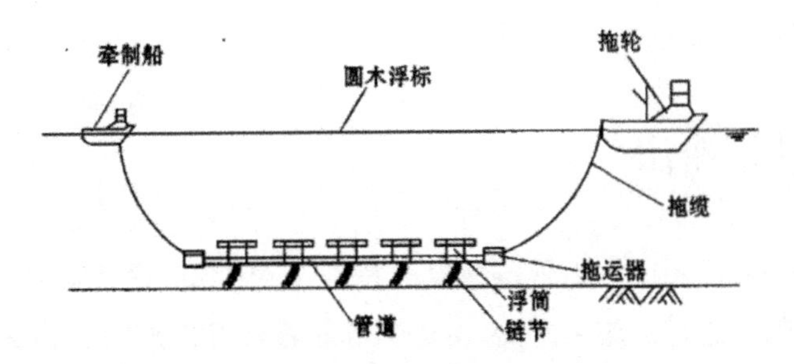

图 6-4　离底拖法

(4) 底拖法(bottom tow)。管道紧贴着海底,由拖船通过拖缆将管道拖航前进,其需要的拖力最大,但疲劳损伤最小。

(5) 控制深度拖法(CDTM)。管道被控制在水面以下一定深度悬浮着,由水面拖轮牵引。拖航时水对压载链的拖曳力产生一种升力,减小了管道水下重量。拖速越大,拖缆与垂直方向夹角也越大。这种方法在国外应用最多,研究也最广泛。

(6) 复合式拖法(combined tow)。复合式拖法是几种拖航方法的组合,根据离海岸距离及水深的不同,综合采用多种拖管法,从而充分发挥各种拖管法的优势。

6.2.2　顶管法

顶管法和水平钻进法都是现代管道铺设中的新方法。水平钻井法是依靠专用钻机进行水平方向的钻进,形成一个水平通道,再将管道牵引穿过。这种方法最初用于电缆的铺设。而顶管法靠专门顶进设备的水平推力,克服土壤与管道的摩擦力,将管道按设计深度顶过水下区域。顶管法适用于大型管道、上岸管道和河流的穿越工程,一般较好的土壤、海岸潮间带、窄平河面或地上悬河等两边水面相差不大的条件下,都可以采用顶管法。

顶管操作在工作坑内进行,顶进设备可选用千斤顶或通井机配合滑轮组,当顶力较大和整条管线组装后顶管,常常采用通井机。整个施工期全在岸上进行,不受水流变化的影响,不受季节、气温和风雨的限制,特别是可以随意决定管道的埋深,保证管线位于冲刷线以下,所以,顶管法是一种方便而安全的方法。

顶管方法的选用由管径、穿越长度、地质、地下水情况及顶进设备等因素决定。目前采用水力喷射方法开挖管道前端土壤,并借助水力把被切削下来的土壤带到工作坑内,用泵排掉。在顶管方法中必须进行设计计算:如顶力大小、顶管管道自身稳定强度、工作坑坑壁的稳定和工作坑井内的排水等。

2002 年 9 月,我国西气东输项目的关键工程——黄河穿越工程是采用顶管法铺设的。全长 3600m、管径为 1.8m 的钢管从 23 至 25m 深的地下成功横穿黄河。其中最长的一段位于黄河主河床上,长达 1259m,还要穿越较厚的砾砂层与黄河主河槽。实践证明,这次顶管工程是成功的。

6.2.3 铺管船法

铺管船是一种专门用于海上管道铺设的特种工程船舶,管道制造及铺放中的各种主要作业都能在船上进行。施工开始,由运输驳船将做好内外涂层(包括加重层)的单节或双节管运到现场,再由铺管船上的吊机将其吊放到管道堆放场地;铺管时一根根进入流水作业线,在作业线上进行焊接、检验、涂装和下水等工作,在船上一根一根接下去,通过船体的一侧或中央滑道,一边铺设一边前进。

铺管船的种类很多,通常有漂浮式铺管船、带托管架铺管船、张力式铺管船、卷筒式铺管船和半潜式铺管船等。铺管船适用于长距离外海管道或外海油田管道的铺设。铺管速度快,对海洋环境适应性较强,一般在 3m 波高时仍可进行铺管作业;若遇大的风浪或特殊情况时可以临时弃管中断作业,待风浪过后再返回继续作业。但铺管船铺管需要有一系列机具与船舶配合,如用于拖带、运输、测量、定位、交通联络和潜水等的工作船舶,因此工程费用较高。

由于铺管船在进行作业时对船体的稳性和耐波性有较高的要求,需要有广阔的甲板面积,这就造就了起重船与海上铺管的良性结合,起重铺管船便应运而生。常见的铺管船分为三大类:方箱型、船型(单体、自航)和半潜式。

(1) 方箱型(第一代)。方箱型铺管船,造价低、结构较简单,但耐波性差。绞车锚泊定位,机动性差,水深受限制(100m 以下)。20 世纪 50 年代用得较多,大多为专用铺管船,少量设有大型吊机。

(2) 船型(单体、自航,第二代)。自航船型,大多由旧船改装,耐波性能较好,多数设大型回转吊机兼起重。

(3) 半潜式(第三代)。船体水线面小,可适用于较恶劣的海况,抗风及耐波性能较优越,波浪响应小。

以上三种形式铺管船的摇摆周期如表 6-1 所示。

表 6-1 不同形式铺管船的摇摆周期对比

	方箱型和船型	半潜式
纵摇	4～5s	15～20s
横摇	8～9s	20～25s
垂荡	4～5s	15～20 s

按定位形式划分,铺管船又可分为锚泊定位和动力定位两种形式。普通船型式铺管船吃水深度相对较深,适合需要承载较重设备或高起吊力时使用。半潜式铺管船通常是非自航式,但也可采用动力定位系统。半潜式铺管船船型巨大,作业线多设置在船

的中央，其最大的特点就是耐波性好，可以在比较恶劣的环境中以及深海海域施工作业。

铺管船的铺管铺设方式主要有 S 型铺管法、J 型铺管法、卷管式铺管法和 O 型铺管法等。

1.S 型铺管法

在海洋环境中，铺管船会不断地运动。为保证管道不被破坏，S 型铺管法一般需要在船艉部增加一个很长的圆弧形托管架，管道在重力和托管架的支撑作用下自然的弯曲成“S”形曲线，如图 6-5 所示。这种铺管法称为 S 型铺管法。目前，S 型铺管法是技术最成熟、应用最广泛的深水铺管法。

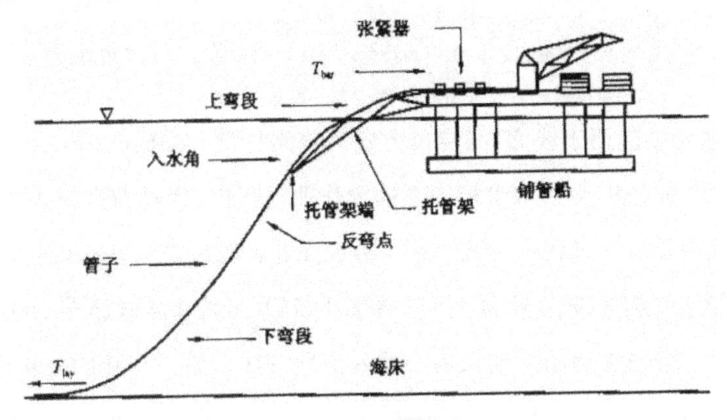

图 6-5　S 型铺管原理

目前世界上最大的铺管船“Solitaire”号总长 300m、型宽 40.6m、型深 24m，排水量 96000t，载重量 22000t，工作定员 420 人。该船为 1972 年日本三菱重工建成的散货船，在 1998 年由英国的 Swan Hunter 船厂改装为铺管船舶，如图 6-6 所示。该船为总部在瑞士的一家荷兰公司 Allseas Group 所拥有。该船采用动力定位系统，铺管速度每天达 9km。已经完成了大量海底管道铺设工程，保持着 2775m 的海底管道铺设水深最大纪录。

图 6-6　Solitaire 铺管船

铺管船进行铺管作业需要的装备有托管架、张紧器、焊接站、检验站、成品管堆放场、锚泊定位系统、旋转吊机、直升机平台和收放绞车等，如图 6-7 所示。

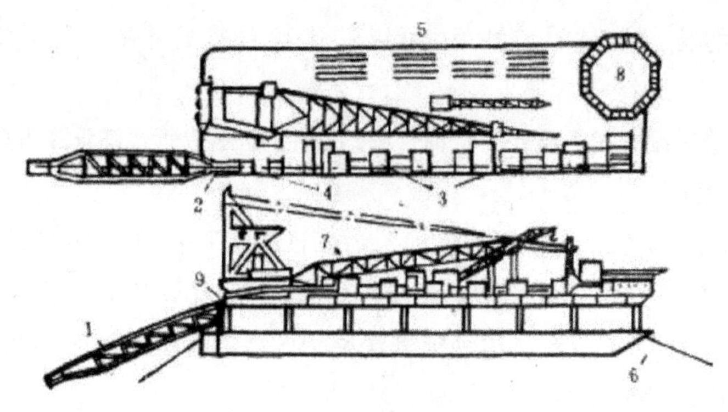

图 6-7　铺管船装备

1—托管架；2—张紧器；3—焊接站；4—检验站；5—成品管堆放场；
6—锚泊定位系统；7—旋转吊机；8—直升机平台；9—收放绞车

S型铺管船更多应用于浅海，其定位方式为锚索固定，如图 6-8 所示。图中铺管船有 8 根锚索，前方布 6 根，后方布 2 根。在铺管作业过程中，依靠前方锚索的张力使铺管船向前运动，在船舶运动过程中管线不断下水，船舶运动到中间状态时，将 3、6 号锚重新布置，随着船舶继续前进，2 号和 7 号锚再重新布置，最终将 4 号、5 号、1 号和 8 号重新布置，从而完成一个铺管运动周期长度。然后依此方法开始一个新的铺管运动周期。

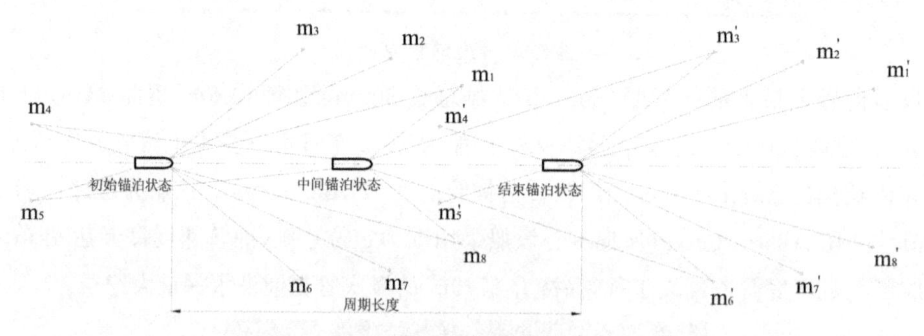

图 6-8　S型浅海铺管船的铺管作业过程

2.J 型铺管法

20 世纪 80 年代以来，为了适应铺管水深不断增加而发展起来了一种新的铺管方法，这种方法铺设的管道在管道下水段没有反弯点。目前，J 型铺管法主要有两种：①带倾斜滑道的 J 型铺管法。在铺设过程中，借助于调节托管架的倾角和管道承受的张力来改善悬空管道的受力状态，达到安全作业的目的，如图 6-9(a) 所示；② 半潜式铺管船或钻井船的 J 型铺管法。这种铺管法管道在船体中部下水，而且铺管船可以采用动力定位系统，所以船体运动对管道的影响相对要小，可以在比较恶劣的海况中施工作业，如图 6-9(b) 所示。图 6-10 为 J 型铺管船。

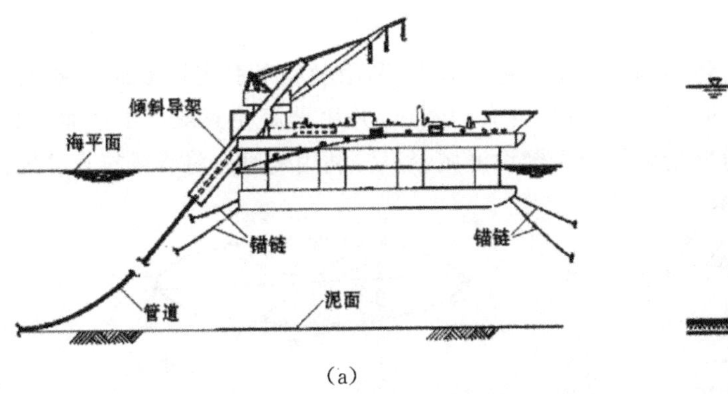

(a)

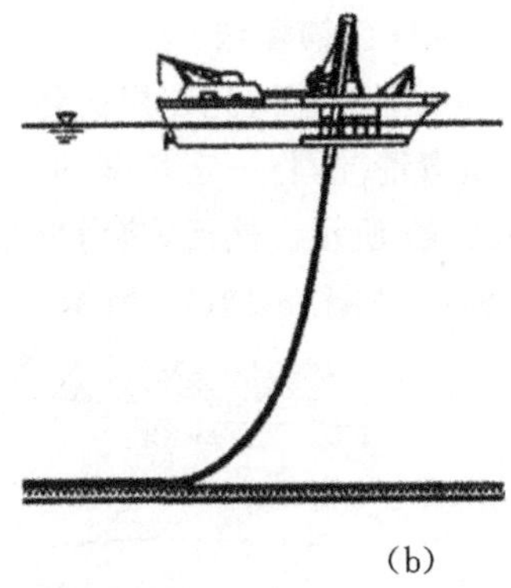

(b)

图 6-9　J 型铺管船原理

(a) 带倾斜滑道的 J 型铺管法　(b) 半潜式铺管船或钻井船的 J 型铺管法

图 6-10　J 型半潜式铺管船

3.卷管式铺管法

卷管式铺管法是一种在陆地预制场地将管道接长，卷在专用滚筒上，然后送到海上进行铺设的方法，如图 6-11(a) 所示。卷管式铺管法铺设效率高、费用低、可连续铺设、作业风险小。

卷管法所用滚筒一般有水平放置和竖直放置两种，图 6-11(b) 为水平卷管现场，为减小管道卷绕后的塑性变形滚筒直径一般比较大。由于受到铺管船尺寸和滚筒直径的限制，卷管式铺管法中的管道直径较小。

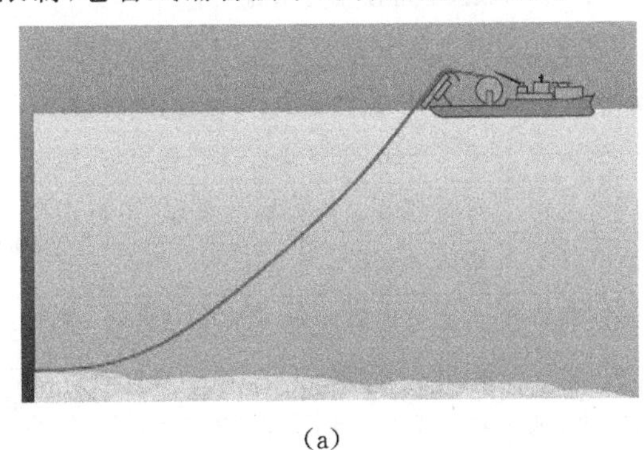

(a)

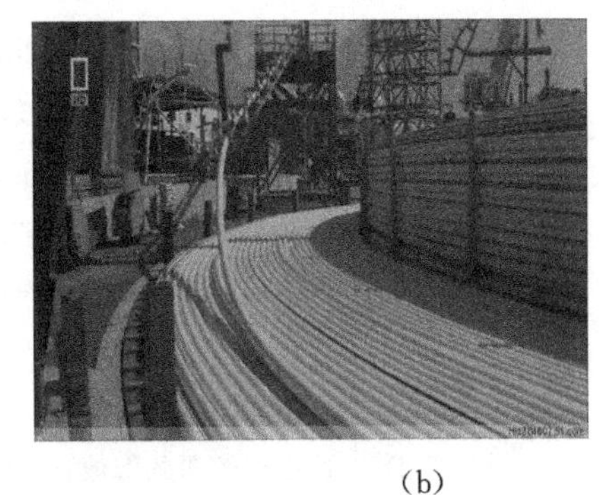

(b)

图 6-11　卷管式铺管法

(a) 卷管式铺管法示意　(b) 水平卷管现场

4.O 型铺管法

O 型铺管法先在岸边将预制好的管段拖入海中，利用驳船牵引使其弯曲，根据管道的抗弯情况，将一定长度的管道卷成直径巨大的圆形，并用浮筒使其漂浮于海面，如图 6-12(a) 所示。然后，将弯好的管段拖到铺设海域，最后，利用铺管船将管线拉直并铺设到海底，如图 6-12(b) 所示。

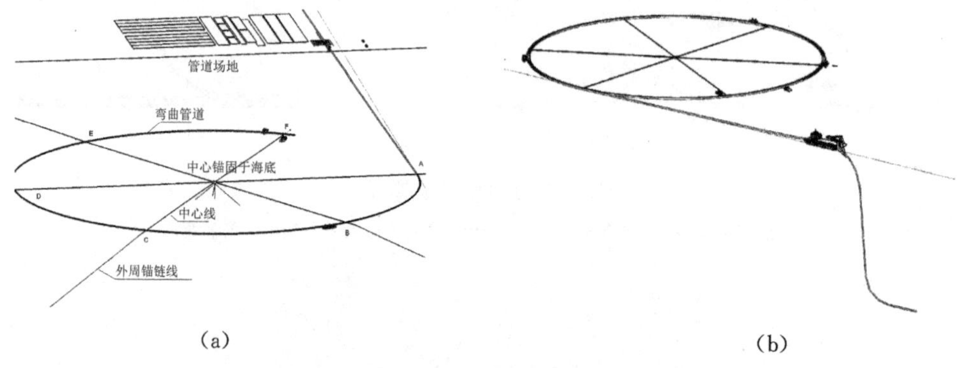

(a)　　(b)

图 6-12　O 型铺管法

(a) 将管道弯成圆形　(b) 利用铺管船将管线拉直并铺设到海底

O 型铺管法的铺设速度快，可以铺设直径较大的管道，可达到每天 20km 以上，由于管道敷设速度快，需要的时间窗口更小，可以更快地完成海上施工。而且这种方法可以将普通铺管船的大部分焊接工作放到岸上进行，从而可以节省大量成本。

上述各种不同的铺管方法，其优缺点也各不相同，具体比较如表 6-2 所示。选择海底管道的铺设方法要从铺设区域的海洋环境条件和现有的铺管设备条件以及可能创造的条件出发，保证工期、质量和管道的安全，还要考虑经济效益。

表 6-2　施工方法技术经济性比较

序号	施工方法	技术经济性	
		优点	缺点
1	浮拖法	牵引力小；不受水深影响，适用于各种水深；浮力控制相对简单	受水上交通影响大；受波浪、海流影响大，对天气条件要求高；牵引长度有限；不可预见费用高
2	近底拖法	牵引力小；受水上交通影响小，仅在浅水区域受影响；受不利天气条件影响小	浮力控制相对复杂；受海底地形影响大；拖拉长度有限；不可预见费用较高
3	底拖法	受不利天气影响最小；如果天气条件超过了拖轮的极限，可安全弃管；停留于牵引通道上的管段长期稳定	牵引力大；管道涂层易受到损害；管道有碰到海底障碍物的可能；不可预见费用较高
4	顶管法	可以在岸上施工；不受天气、波浪和海流等影响	受土层地质和地下水情况制约，管道涂层易受损坏
5	铺管船铺设法	适用于较深的海域；受波浪影响小；施工速度快，工期短	对于浅水区域，受船型影响大；铺管船的资源相对较缺乏；动迁费、租船费用较高

6.2.4　铺管船施工过程

铺管船的主要设备有张紧器、A/R 绞车、船舷吊、破口机、对中装置、爬行探伤器、退磁器、加热器、辅助作业线、主作业线、移管机构、托管架和电焊机等。

目前一般铺管过程中，先从陆地上把单根或双根（两个单根预先对焊好）管线用驳船送到铺管船上，通过纵向输送滚轮和横向输送车送到主作业线上，进行坡口加工、消磁、管线对中，进行封底焊、填充焊及盖帽焊，通过张紧器，进行无损探伤（返修），再进行涂敷后入海，进行挖沟填埋，再由潜水员或潜水器检查，最后试压直至完工。一般铺管船进行海底管道敷设时的主要流程如图 6-13 所示。

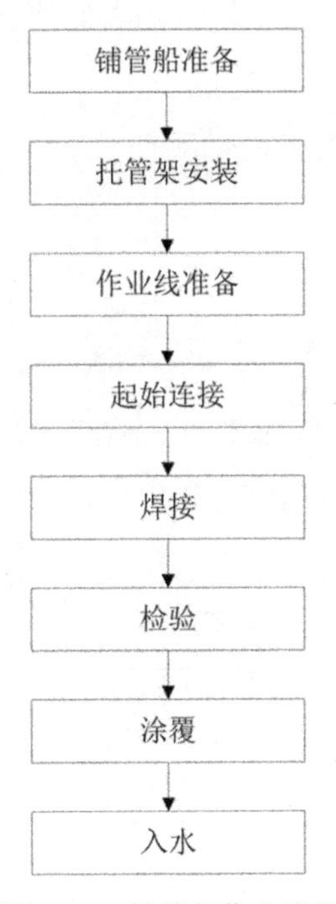

图 6-13　铺管船作业流程

在铺管船上，管段要进行坡口加工、消磁、焊接和检验，再输送到主作业线上，具体流程如图 6-14 所示。

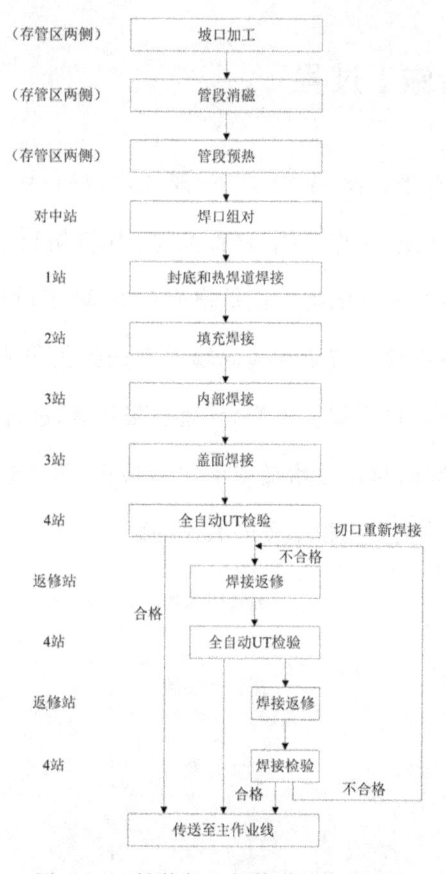

图 6-14　铺管船上的管道处理流程

在主作业线上，铺管船的作业流程主要包括管端消磁、预热、焊接、检验、包覆、冷却和下水等，如图 6-15 所示。

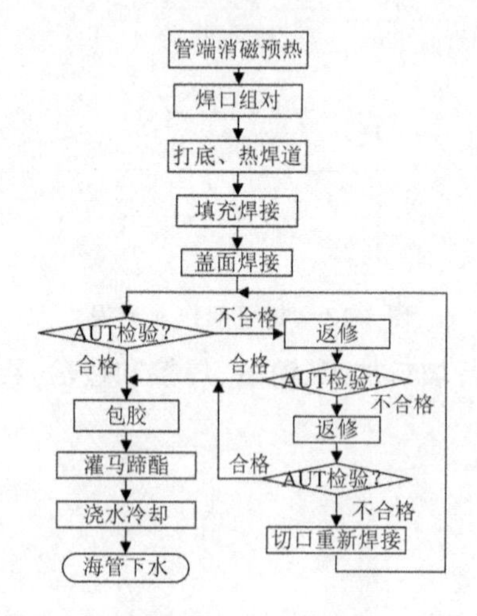

图 6-15　铺管船主作业线上的生产流程

在管道铺设后，管沟回填前的全管道试压，试验压力一般为管道最大工作压力的 1.25～1.5 倍。海底管道的试运转是按使用要求和设计标准逐项测试，埋地管道在试运转后渐趋稳定，最终逐步转入正常生产。

6.3 管道防腐层、保温层和加重层的施工

海底管道长时间受酸、碱、盐类和油、气、水、细菌等的腐蚀，特别是电化学严重腐蚀，所以必须采取有效的防腐措施。通常是在钢管外表面制作防腐绝缘层，使金属外表与周围介质隔绝，以防腐蚀的发生。对防腐绝缘层的基本要求是：

(1) 与金属管壁的黏结性好，绝缘层要连续、完整。

(2) 电绝缘性能好，有足够的抗击穿电压能力和电阻率。合乎质量的绝缘层，要能承受 40～60kV/mm 的击穿电压；电阻率愈高愈好，目前应用的绝缘材料可达 10^8 ～ $10^{17}\Omega\cdot cm$。

(3) 良好的防水性和化学稳定性，在海水和湿土壤中不产生化学分解。

(4) 有足够的强度和韧性，在管道加工和铺设过程中不易发生破损。

(5) 有一定塑性和耐老化性能。

防腐绝缘层通常包括防腐涂层和沥青防腐层，总厚度约为 5～8mm。目前使用既能防腐绝缘又能保温的泡沫塑料作防腐绝缘层，各项性能更优异。

对于双层管结构的海底管道，内外管间设置保温层，泡沫塑料是较好的隔热保温材料。有喷涂和浇注两种施工方法，聚氨酯泡沫塑料的导热系数 λ，理论上约为 0.018W/(m・K)。考虑施工的影响，设计时可认为其 $\lambda=0.023$W/(m・K)。

为满足设计负浮力的配重和防止施工过程对防腐绝缘层的损伤，常在防腐绝缘层外包裹加重层。加重层一般是含钢筋的混凝土或水泥砂浆。制作加重层的方法有人工涂抹、立模浇筑、表面喷涂、离心旋制和预制安装等几种，人工涂抹只用于工程量小或管段的修补，质量较差。立模浇筑的方法用得最多，它是在管外围架设模板，用间隔垫块保持加重层需要的厚度，在模板空腔内浇筑混凝土。表面喷涂是用混凝土喷射泵在管道表面直接喷射混凝土加重层。喷射的加重层强度高，但厚度不均匀，一次喷涂厚度以 25～70mm 为宜，否则影响质量。喷射加重层要注意养护，一般用硅酸盐水泥时要湿润养护 14 天以上。离心旋转法是大规模生产管道加重层的方法，它利用旋转离心压制或滚轧而成，质量好、强度高、厚度均匀。预制安装法是将加重层分段分块预制，然后在现场安装固定在管道上。此法质量较好，但分段分块较多，安装工作量大，在用牵引法下水时，加重层可能与管体有相对移动，易损坏防腐绝缘层。

海底管道加重层的质量，主要指混凝土的强度、密实度、吸水率和加重层的尺寸

等。虽然加重层有防止海洋生物侵蚀及机械损伤的作用,但主要目的是为控制管道的负浮力(配重)。加重层的尺寸、混凝土重度和吸水率这3个主要因素中,控制外径尺寸是容易的,而后两者精度则比控制一般混凝土上构件的要求更高。

6.4 海底管道施工中的重力调节

在管道的整个运行过程中,要保证在波浪、潮流作用下管道稳定处于设计位置,管道应具有足够的重力。这是管道稳定设计的基本要求。在施工中,无论采用漂浮法或牵引法,均希望管道的重力适当,以方便牵引并减少牵引中管道的应力。铺设中管道从海面沉到海底,管体受力尤为复杂。在浮力、波力、水流力等作用下,往往使管道重力有变化,所以要采用一些措施进行调节,例如在管道上增加配重,打开管道堵头密闭阀门使管道充水下沉等。这种为适应施工使管道重力做临时性的改变就叫管道的重力调节。海底管道的重力调节分为重力调节和浮力调节两类。

6.4.1 重力调节

重力调节的方法有:

(1) 调节管体负浮力。负浮力即管道的下沉力,它等于管体在水下的重力。调节负浮力最常用的办法是调节管道的配重,即调节管道外加重层的厚度。

(2) 增加钢管壁厚。增加壁厚,管道单位长度的重力增大,但管道的用钢量也增加,是很不经济的办法,只在小规模工程中其他办法不能用时才采用。

(3) 加压块。即用压块来调节管体重力。

(4) 改变管内的充水程度。用此法调节管道的重力可以降低成本。

6.4.2 浮力调节

浮力调节是在管道的某一管段或整个管道上临时系上浮筒、悬链,借助增加或减少管道的浮力来调节管道重力,以适应管道牵引或沉浮的需要。

不同的铺管方法,要求管道在水中的漂浮状态不同。漂浮法施工时,要求系加浮筒以提供足够的浮力储备,使管道处于漂浮状态;当沉放时将系加的浮筒卸去。牵引法要求有适当的浮力,在管道上系加一定量浮筒,减少负浮力,使管道在水下处于悬浮状态,减少牵引阻力;沉放时依次逐渐卸去浮筒。用铺管船时,可直接在设计的负浮力下,使管道在下沉的同时进行铺设。通常铺管船铺管时不需要加浮筒,仅在控制沉放速度和受力状况时才加浮筒。

要保证足够的浮力储备,应根据管道制作后的实际负浮力来计算:

(1) 当要求降低负浮力时,可增设浮筒使管道漂浮。浮筒数目为:

$$n_B = \frac{N_{BT} \times L}{P_{B1}} \times K \tag{6-1}$$

式中,N_{BT}——管道要求降低的负浮力(kN/m);

P_{B1}——单个浮筒的负浮力(kN);

L——计算段的管道长度(m);

K——浮力储备系数,一般取 $K=1.30\sim1.50$。

浮筒间距 $l_B=L/n_B$。

(2)当要求增加设计的负浮力时,即要求管道下沉,可将浮筒卸开。卸开的浮筒数为:

$$n'_B = \frac{N_{BM} \times L}{P_{B1}} \tag{6-2}$$

要卸开浮筒的间距　　$l'_B=L/n'_B$

式中,n'_B、l'_B——分别为卸浮筒数及其间距;

N_{BM}——铺管是要求增加的设计负浮力。

实际配、卸浮筒时,还要核算管道的受力状态。在工程实际中,采用漂浮法时,负浮力控制在 0～300N/m;采用牵引法时,负浮力为 150～300N/m;当用铺管船时,负浮力为 400～600N/m。

6.5 海底管道的埋设

海底管道的埋设,主要是为了稳定、安全,有时是工艺上的要求。为保持管道在波浪、潮流中稳定和避免机械损伤,一般将管顶埋深 1.0～2.0m,有时埋深更大。如为防止抛锚对管道的损伤,则要使埋深大于锚的贯入深度。

用于海底管道开沟的方法有喷射法、砂土液化法、机械开挖或开沟犁法、挖泥船法和爆破法等,应用哪种方法主要取决于海底土质和施工设备条件。

海底管道的埋设方法有先挖沟法和后挖沟法。先挖沟法是管道铺设前,先挖好管沟,随后铺管、回填。先挖沟法对牵引管道较安全,埋设的位置、深度等可较精确地达到，但挖方、填方量大；后挖沟法是将铺设在海底的管道，利用水面的或水下的喷冲装置，随铺管过程冲开管下的海底土壤使管道埋至要求深度。埋深较大时，可分层加深，对适当的地质一次挖深可达 1.0～2.0mm。因黏土不易冲动，坚硬土层则冲不动，故后挖沟的使用受限制。

挖管沟时，管沟的轴线方位力求准确，尽量减少纵向起伏，保证管沟的设计断面。在开挖处实地放线定位后，根据海底土质、水深等条件，以选定的挖沟方法开挖。对坚硬地段要预先爆破炸松，然后清除形成管沟。

后挖沟时，边冲边挖、边回填，但是坚硬地区、与主管连接处、坡度变化大的管段、数根管道同时铺设时，均不适用，因此还要用先挖沟法，回填是必要的工序。管沟的回填，可以自然回填或人工回填，视土质情况而定。

管沟挖好，先要用砂土或卵石将沟底找平然后铺管，经试压合格，进行回填。回填最好用洁净的砂料，以防管道被腐蚀。如管沟挖出的土料合适（即含腐殖质少的土料）也可直接回填，图 6-16 为海底管沟断面，图 6-17 为海底土回填后的情形。回填时，可用开底泥驳向管沟回填，也可用专门驳船回填。回填质量好的标准主要是回填土料散失少，回填后平整均匀，回填工效高。条件允许时，用吸扬式挖泥船吹送砂料回填是又快又好的方法。

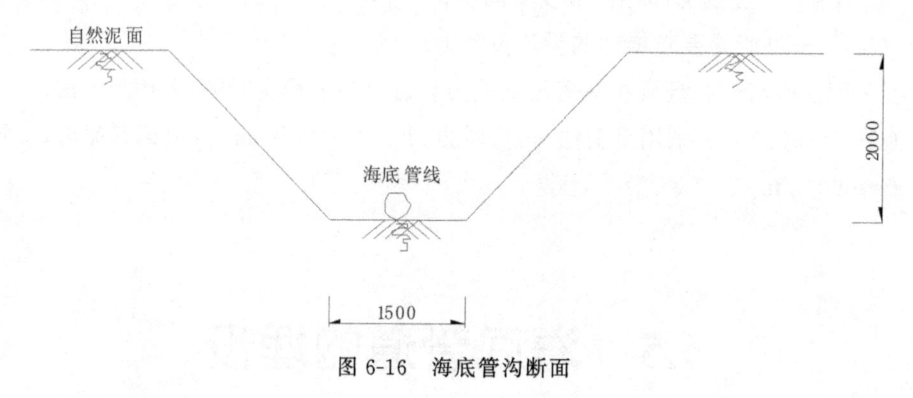

图 6-16　海底管沟断面

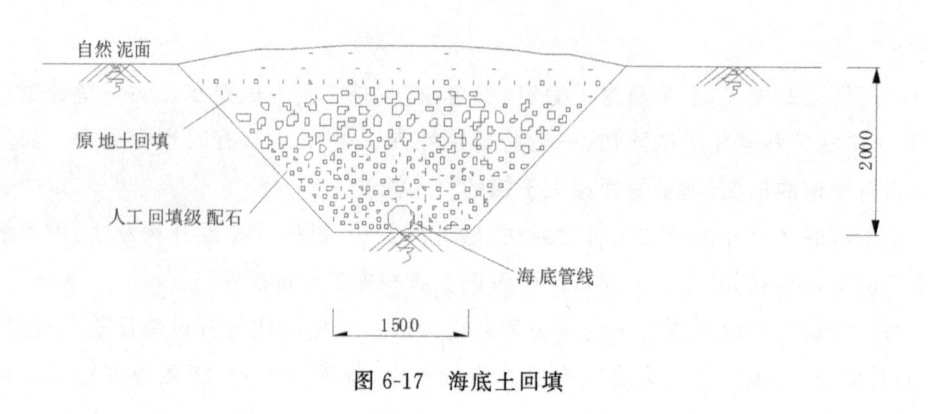

图 6-17　海底土回填

喷冲法利用空压机和液压喷砂泵，使管道下的海底砂质液化，管道靠自重下沉埋设。液化的砂基像很稠的"液体"，可以使密度较大的管道下沉。砂基液化埋管时，只需将管道的柔性变化段即 S 型隆起段下的砂基液化即可。如图 6-18 所示，液化装置跨骑在管道上，产生的喷冲与振动使砂质液化，同时给管道附加重力。液化装置是一组柔性的组合设备，以便适应管道沉放段的柔性变化，液化的基床使一段管道处于失去支撑状态，就像受力的长梁，其垂度与梁的跨度、载荷及断面特性有关。在施工过程中，为防止管道产生过大的挠度，避免超载破坏，必须使管道的应力在一定范围，不能超载。

图 6-18　喷冲法挖沟

在礁石或岩盘地带可用水下爆破法，可一次爆破成型，或将礁石岩炸松。水下爆破常用的有裸露爆破和炮孔爆破两种。裸露爆破是将炸药包直接放在海底或障碍旁，一般一次爆破深度为 0.3～0.7m，它简单易行但能量利用率低，用于炸除海底障碍如孤石、礁石等。炮孔爆破，是将炸药包放在炮孔内引爆，炮孔预先用钻孔机械钻成，一般炮孔直径为 30～75mm，大的可达 90～159mm，甚至 300～1500mm，孔深一般是 1～5mm，炸药包多系圆柱形或延长药包即长度大于直径 4 倍以上。

水下爆破所引起的震动和破坏力，由于影响因素较多认识还不十分清楚，根据一般安全条例，引爆时，潜水员及一般船只必须撤至安全区。

6.6　海底管道施工、铺设中的典型受力分析

6.6.1　基本理论

海底管道在施工、铺设中的受力分析，是管道设计中应力计算的重要组成部分。目前研究较多的问题集中在管道从水面下沉到海底的过程中的受力分析。不管是漂浮

法、牵引法或铺管法等，在这一过程中管道呈现为弯曲形状（J形、S形），同时产生弯曲应力。研究的主要内容是如何充分估计变形，正确分析计算这些应力及管道运动，避免在铺设过程中管道发生破坏、屈曲和疲劳。管道受力分析有静力和动力分析，有二维和三维分析，在求解方法上有解析法、数值法等。但首先都需要建立一个合理的力学模型和力学方程。现将解决铺设中管道弯曲变形和应力的几种理论方法介绍如下：

1.小挠度梁法

这是研究管道最基本的方法，对浅水小挠度管道和铺设较为适用。管道可以视为一根梁，管道任何方向上的变形都假定是小挠度，所谓小挠度，是指梁的挠度值远远小于梁的长度。这样就可以把管道当作一根有弹性的梁，按梁的理论进行分析。

$$R=\frac{1}{\rho}=\frac{\mathrm{d}\theta}{\mathrm{d}s}=\frac{\mathrm{d}^2 y}{\mathrm{d}x^2}=-\frac{M}{EI}$$

基本弯曲方程：

$$EI\frac{\mathrm{d}^4 y}{\mathrm{d}x^4}-T_0\frac{\mathrm{d}^2 y}{\mathrm{d}x^2}+W_{\mathrm{P}}=0 \tag{6-3}$$

用漂浮法，且流力很小时，张力可以忽略，则有

$$EI\frac{\mathrm{d}^2 y}{\mathrm{d}x^2}=-M \tag{6-4}$$

式中，W_{P} ——管道水下单位长度的重力；

EI ——管道弯曲刚度；

T_0——海床切点处管道的张力：

$$T=T_0+W_P d$$

T ——管道任意点处的张力；

d ——工作水深（忽略铺管船舷高）；

x 、y ——直角坐标。

如图 6-19 所示，铺管船施工过程中管道的边界条件为：

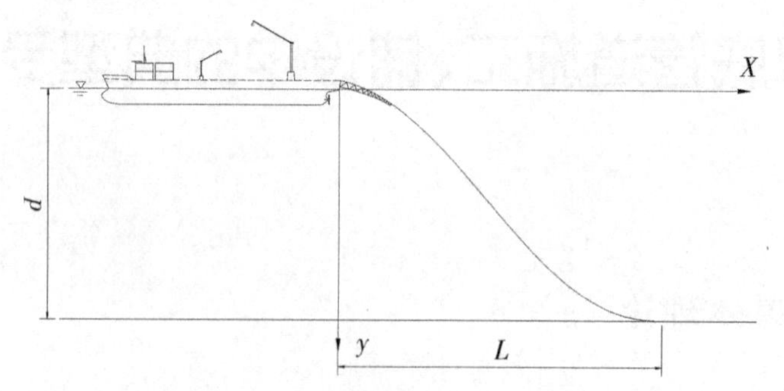

图 6-19　铺管船施工过程中的管道

当 $x=0$，$y(0)=0$ 时，

$$\frac{\mathrm{d}y}{\mathrm{d}x}(0)=0$$

$$EI\frac{\mathrm{d}^2y}{\mathrm{d}x^2}(0)=0$$

当 $x=L$ ，$y(L)=\mathrm{d}$（L 为管道水平投影长)时，

$$\frac{\mathrm{d}y}{\mathrm{d}x}(L)=\theta_B\ (\text{J 形})$$

$$\begin{cases}\dfrac{\mathrm{d}y}{\mathrm{d}x}(L)=0 \\ EI\dfrac{\mathrm{d}^2y}{\mathrm{d}x^2}(L)=0\end{cases}\quad(\text{S 形})$$

当 $x=a$ ，$EI\frac{\mathrm{d}^2y}{\mathrm{d}x^2}=0$（$a$ 为反弯点，$M_a=0$）。

2.非线性梁法

将管道铺设时的垂向变形视为大位移，则需要考虑管道的几何非线性，而管道内部的应变量是微小的，材料不出现塑性变形，属于大位移小应变问题，该理论仍把管道视为梁，按梁的理论求解几何非线性结构，如图 6-20 所示。在大挠度几何非线性的弯曲中 $\mathrm{d}s\neq\mathrm{d}x$ ，$\frac{\mathrm{d}\theta}{\mathrm{d}s}\neq\frac{\mathrm{d}\theta}{\mathrm{d}x}$ ，$\theta\neq\frac{\mathrm{d}y}{\mathrm{d}x}$ 。而

$$\frac{\mathrm{d}y}{\mathrm{d}x}=\tan\theta,\theta=\arctan y'$$

$$R=\frac{1}{\rho}=\frac{\mathrm{d}\theta}{\mathrm{d}s}=\frac{\mathrm{d}(\arctan y')}{\mathrm{d}x}\cdot\frac{\mathrm{d}x}{\mathrm{d}s}=\frac{y''}{[1+(y')^2]^{3/2}}$$

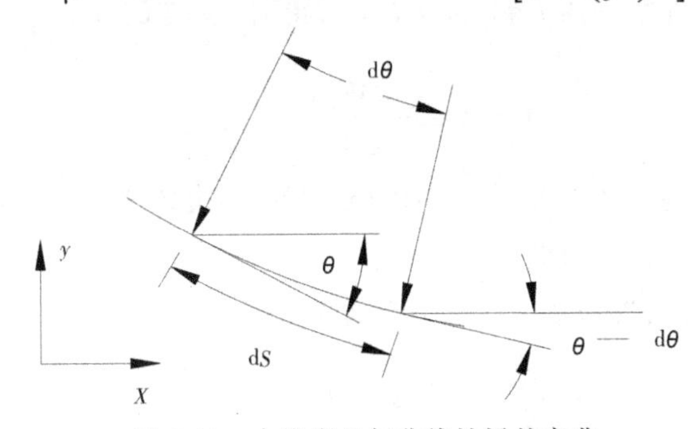

图 6-20　大挠度几何非线性梁的弯曲

在浅水中铺管，张力可以忽略，弯曲方程为：

$$EI\frac{y''}{[1+(y')^2]^{3/2}}=-M \tag{6-5}$$

在深水中铺管，应考虑张力，并以 θ、s 为变量表达管道弯曲方程为：

$$EI\frac{\mathrm{d}\theta}{\mathrm{d}s}\left(\sec\theta\frac{\mathrm{d}^2\theta}{\mathrm{d}s^2}\right)-T_0\sec^2\theta\frac{\mathrm{d}\theta}{\mathrm{d}s}=-W \tag{6-6}$$

式中，s ——管道水面点距海床切点的曲线长度；

θ ——管道任一点切线与水平线的夹角。

$$\sin\theta = \frac{\mathrm{d}y}{\mathrm{d}s}$$

由于几何非线性问题的平衡方程式是用变形后的位置来描述，而变形后的几何位置即管道悬空段每一端的位移是未知的，所以还需要一个求解悬空段长度的附加边界条件。通常假设悬空段为悬链线或某种其他曲线，按边界值问题来求其数值解，常用的有：有限差分法、有限元法等。非线性梁法对深水、浅水大挠度或小挠度均适用。

3.悬链线方法

水面到海底这段管道变形后的形状可以用悬链线来描述，如图 6-21 所示。

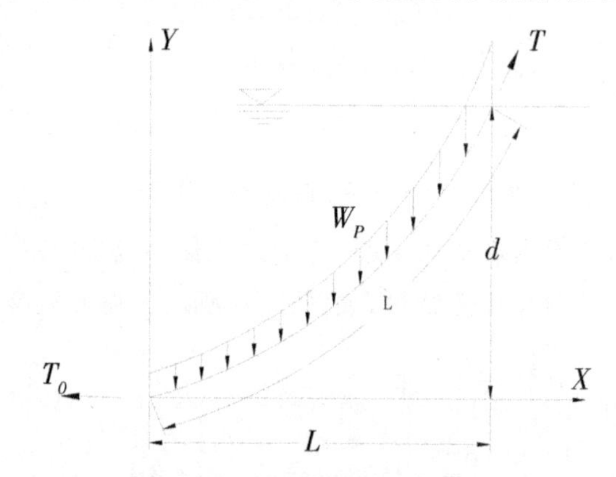

图 6-21　管道弯曲的悬链表示

针对柔性结构而言 ($EI \approx 0$) ，当管道直径较小，或铺管张力较小时，相对刚度可忽略。联系前面非线性梁弯曲方程，令 $EI = 0$，得 $W_P = T_0 \sec^2\theta \dfrac{\mathrm{d}\theta}{\mathrm{d}s}$ ，则

$$\theta = \arctan\left(\frac{W_P s}{T_0} + C\right)$$

这就是常见的悬链线基本方程，C 为积分常数，当海床为水平时，$C=0$。这种忽略管道刚度的悬链线法常称为自然悬链线法。

当必须考虑刚度时，管道弯曲微分方程表示为：

$$\varepsilon^2 \frac{\mathrm{d}^2\theta}{\mathrm{d}s^2} + W_p s\cos\theta - \sin\theta = 0 \tag{6-7}$$

这是一个导数项带有小参数 ε 的非线性二阶常微分方程。在水深较大或张力较高时，$\varepsilon^2 \gg 1$，一般用数值方法求解上述方程。这种考虑弯曲的方法常称为加强悬链线法。

悬链线方法适用于水深较大时管道垂弯段的受力分析。加强悬链与自然悬链比较，前者更能满足弯曲管道的边界条件，给出管道变形的精确结果，尤其在管道上端边界更符合工程实际情况。

6.6.2　受力状态典型分析

海底管道在施工时的受力无论怎样复杂，它们有许多工况是相似的。这里采用小变形梁方法，选择一些较为重要的、有共性的受力状态进行典型分析。

1.管道溜放(下水)时的受力计算

当管道在斜坡滑道上的下滑阻力较小时，一经滑动即可借自重和惯性下滑，所以必须在每根滑道的管道后方系一根制动绳，以控制下滑速度并保证下滑的安全。

2.牵引管道时的受力分析

用牵引法铺设管道时，所能牵引的管道极限长度为：

$$L_{max}=\frac{A\,[\sigma]}{W\cdot\mu}\quad(\mathrm{m}) \tag{6-8}$$

式中，A ——管道截面积(m^2)；

$[\sigma]$ ——管道钢材的许用应力(MPa)，可取 $[\sigma]=(0.9\sim0.95)\sigma_s$ ；

W_p ——单位长度管道在水中的实际重力 (N/m)；

μ ——海底土壤与管壁外表的摩擦系数，起动时 $\mu=1.0\sim1.2$，之后 $\mu=0.5\sim0.7$。

如果牵引的长度 $L>L_{max}$，则应分段牵引，每段的长度 $L'<L_{max}$。各段接头部位的端头可吊出水面，在焊接驳船上连接后再放入海底沟或基床上。

3.管道最小弯曲半径

在海底管道施工过程中，管道经常要处于弯曲状态。但弯曲程度过大，会使管道材料发生屈服。

由变形梁的弯曲理论，有

$$\frac{1}{\rho}=\frac{\mathrm{d}^2v/\mathrm{d}x^2}{[1+(\mathrm{d}v/\mathrm{d}x)^2]^{3/2}}\approx\frac{\mathrm{d}^2v}{\mathrm{d}x^2}$$

由弯曲微分方程式

$$EI\,\frac{\mathrm{d}^2v}{\mathrm{d}x^2}=M$$

考虑弯曲正应力强度条件 $\sigma_{max}=\dfrac{My_{max}}{I}\leqslant[\sigma]$ ，可得

$$\rho_{min}=\frac{Ey_{max}}{[\sigma]}=\frac{ED_0}{2\,[\sigma]}$$

上式为管道的最小弯曲半径。其中 D_0 为管道的外径。

4.管道吊放时的受力

管道用支撑控制下沉时，支撑吊点的位置和数目要根据导向缆索的形式、粗细及管

壁应力的大小来确定。

如 n 个支撑吊点均匀布置，则吊点间距 $d=\frac{l}{n}$，l 为吊起管段长度，管道的实际负浮力为 N_B (kN·m)，则每个吊点的载荷 $P_D=dN_B$。设导向缆索（吊索）的极限拉应力为 σ_B，截面积为 A_B，则安全吊起时应满足：

$$P_D \leqslant \frac{\sigma_B A_B}{K_b} \tag{6-9}$$

式中，K_b ——安全系数，对钢缆可取 3～5，对棕缆取 2～3。

吊管段时，可把管道看作一受均布载荷的等跨连续梁，跨间的弯矩为 $M=10.57N_B d^2$ (kN·m)，管壁应力 $\sigma=\frac{KM}{W}$，其中 K 为动力系数，取 1.2；W 为抗弯截面系数。当 $\sigma \leqslant [\sigma]$ 时，管段的弯曲可承受；否则应减小吊点间距 d，或在跨间加系浮筒，以借助浮筒的浮力降低管道的负浮力。

如图 6-22 所示，两段管道吊离海面进行焊接时，两台吊机用多个吊点进行作业。

图 6-22　海底管道吊出海面对接

5.铺管船铺管时管道受力分析

铺管船铺设管道的中间阶段，管道呈“S”形，管道受力分析可分为三段：拱弯段（S₁）、过渡段（S₂）和垂弯段（S₃），如图 6-23 所示。

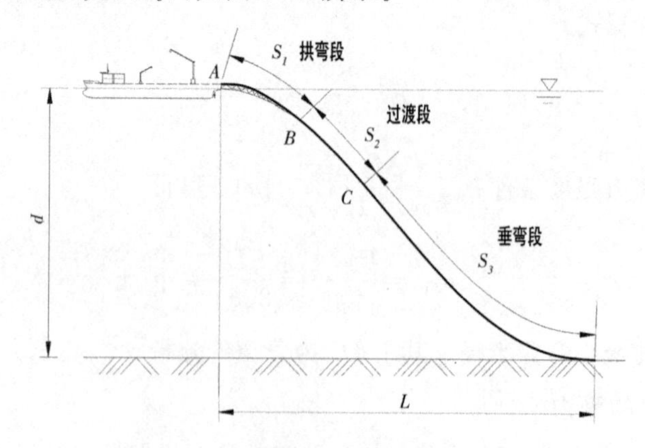

图 6-23　铺管时 S 形管道的分段

(1)拱弯段。从铺管船上的张紧器 A 开始,沿托管架至架的近末端 B,管道与托管架脱离点为拱弯段。这段管道的形状和受力皆由托管架曲率控制。在选择管架长度曲率时,应综合考虑铺管的直径、刚度、水深、张力和外载荷等因素,以使此段管道最大弯曲应力不超过一定数值(通常为 0.85σ),相应的应变为 $\varepsilon=\dfrac{ED_0}{2R}$;管道轴向应力 $\sigma_x=\dfrac{ED_0}{2R}$ 。托管架上管道的最小弯曲半径为:

$$\rho_{\min}=\frac{ED_0}{2\sigma_x K} \tag{6-10}$$

式中,D_0——管道外径;

K ——设计系数,通常取 0.85。

由于施工时的载荷是临时载荷,在某些情况下,为了施工方便,允许该段管道应力超出屈服强度。

(2)过渡段。过渡段是从管道脱离点 B 到反弯点 C 的管段。一般反弯点 C 的位置不能预知,而需由脱离点来推求。脱离点的位置是根据铺管船的张力、托管架曲率和长度的要求来控制的;从 B 点离开托管架的管段,靠自身的弯曲刚度和张力去克服重力和流力,以及支承下面悬空的管段。在反弯点 B 处有边界条件 $M=0$。过渡段的弯曲主要是由脱离点处的弯矩和管道自重引起的弯矩形成(忽略流力)的,所以有理由假设管段曲率近似表达为上述两项因素的线性叠加,依此建立脱离点到反弯点的关系。根据梁的弯曲理论,

$$\frac{1}{\rho(S_2)}=\frac{1}{\rho_0(S_2)}+\frac{1}{\rho_m(S_2)} \tag{6-11}$$

式中,$\dfrac{1}{\rho_0(S_2)}=\dfrac{1}{\rho_{S1}}\left[ch\sqrt{\dfrac{T}{EI}}S_2-sh\sqrt{\dfrac{T}{EI}}S_2\right]$;

$\dfrac{1}{\rho_m(S_2)}=\dfrac{W_\rho\cos\theta}{T}$;

S_2——从脱离点向下量度的管段长度;

$\dfrac{1}{\rho(S_2)}$ ——过渡段管道的曲率;

$\dfrac{1}{\rho_0(S_2)}$ ——因脱离点弯矩产生的 S_2 点曲率;

$\dfrac{1}{\rho_m(S_2)}$ ——自重引起的管道弯曲段的曲率;

$\dfrac{1}{\rho_{S1}}$ ——拖管架的曲率;

θ ——管段任一点切线与水平线的夹角。

利用边界条件,反弯点 $\frac{1}{\rho(S_2)}=0$,可求得过渡的弧长 $S=S_2$。

因为

$$\frac{\mathrm{d}\theta}{\mathrm{d}s}=\frac{1}{\rho(S_2)}$$

所以

$$\theta_x=\theta_B+\int_0^{S_2}\frac{\mathrm{d}S}{\rho(S_2)} \tag{6-12}$$

且有

$$y_c=y_\theta-S_2\sin\left(\frac{\theta_B+\theta_c}{2}\right)$$

该计算需由双重叠加过程来完成,从而求出过渡段管道的形状。

(3)垂弯段。此段系从反弯点 C 到海底。在水深较大时,通常采用加强悬链线的方法进行分析。在变形后的管道上取一微分管段。

当不计海流力时,可建立受力平衡方程为:

$$\frac{\mathrm{d}M}{\mathrm{d}S}-T_{\mathrm{H}}\sin\theta+T_{\mathrm{V}}\cos\theta=0$$

考虑 $T_{\mathrm{V}}=T_{\mathrm{V}\varepsilon}+W_{\mathrm{p}}S$,和 $M=EI\frac{\mathrm{d}\theta}{\mathrm{d}S}$,并转换成无因次表达,则方程为:

$$\frac{\mathrm{d}^2\theta}{\mathrm{d}S^2}+\left(\frac{T_{\mathrm{V}\varepsilon}}{T_{\mathrm{H}}}+W_{\mathrm{p}}S\right)\cos\theta-\sin\theta=0$$

上式为非线性二阶常微分方程,其中 ε 为一微小无量纲参数; $T_{\mathrm{V}\varepsilon}$ 为海床与管道相接处管道垂向张力,当管道与海床相切时 $T_{\mathrm{V}\varepsilon}=0$。

当考虑流体力 f_{n} 时,有

$$\mathrm{d}T_{\mathrm{H}}=-f_{\mathrm{n}}\sin\theta\mathrm{d}S$$

$$\mathrm{d}T_{\mathrm{V}}=WpdS+f_{\mathrm{n}}\cos\theta\mathrm{d}S$$

此微段受力平衡方程为:

$$\mathrm{d}M-T_{\mathrm{H}}\sin\theta\mathrm{d}S+T_{\mathrm{V}}\cos\theta\mathrm{d}s+W_{\mathrm{p}}\cos\theta\frac{\mathrm{d}S^2}{2}+f_{\mathrm{n}}\frac{\mathrm{d}S^2}{2}=0$$

忽略式中二阶段微量,并以 x 、y 为变量对 x 两次微分得到

$$\frac{\mathrm{d}^2M}{\mathrm{d}x^2}-T_{\mathrm{H}}\sin\theta\frac{\mathrm{d}^2y}{\mathrm{d}x^2}+\left[\frac{W_{\mathrm{p}}}{\cos\theta}-f_{\mathrm{n}}\frac{1}{\cos^2\theta}\right]=0 \tag{6-13}$$

$$f_{\mathrm{n}}=-f_0\sin^2\theta$$

$$f_0=\frac{1}{2}\rho C_{\mathrm{D}}D_0|u_l|u_l$$

$$T_{\mathrm{H}} = T_0 - \int_c^x f_{\mathrm{n}} \tan\theta dx$$

式中，f_{x}——管段法向流力；

f_0——管段水流流力；

u_ℓ——水流有效速度；

D_0——管道外径；

C_{D}——水流的曳力系数；

ρ——海水密度；

T_{H}——相应于 x 点处管道张力的水平分量；

T_{V}——相应于 x 点处管道张力的垂直分量；

T_0——管道与海床切点处的张力。

通常用差分法解上述微分方程，利用边界条件，经过迭代即可求得管道垂弯各点的坐标。

6.6.3　铺管过程中船与管的耦合分析

以上针对管道分析了简化的力学计算模型，可以列出管道弯曲的微分方程。但这些微分方程除少数有解析解外，大部分需要用数值解法求解。目前采用的较为实用的管道分析方法是有限元法、迭代法和传递矩阵法等。随着计算机处理能力的增强和软件应用的普及，工程中越来越多的情况下采用有限元法。常用的管道应力分析软件有 AUTOPIPE、CAESAR、CAEPIPE 和 PIPESTRESS 等。

铺管船工作过程中可以采用多点系泊或动力定位，由于风、波浪和海流等环境载荷的影响，铺管船会发生一定的运动响应，而船体的运动作用于管道上部，会与管道在水中的受力及运动发生耦合，这就需要对铺管船和管道进行动力耦合分析。

通常情况下，首先对铺管船进行水动力响应分析，基于势流理论，对铺管船进行数值分析，得出铺管船的附加质量系数、阻尼系数以及运动响应函数；然后，对铺管船进行系泊分析，计算在不同工况下铺管船的运动响应以及锚泊力；再运用管道分析软件计算管道的受力及运动情况。再将管道上部的受力施加到铺管船上进行迭代分析，最终分析铺管过程中管道和铺管船的运动响应、受力状态及安全性。该过程可以采用的软件有 SESAM、ORCAFLEX 及 HYDRASTAR 等。

6.7 海底管道施工要求与维护

1.海底管道的施工技术要求

(1)管道组装焊接。管道联接焊缝的焊接质量直接影响管道能否长期正常工作。为保焊透、耐压、不漏不裂,应掌握管道钢材的焊接性及在不同季节的焊接方法。

管道组装应注意:各管段端 400mm 内要清除油污、水渍、浮锈,露出金属本身光泽;管口弯角在5°以内,可割成斜口组装;如有连续的两个斜口时,斜口相邻间距不得小于二倍直径;管口定点焊一般点 6～8 处,仰焊部位不要点焊,点焊焊缝长度为 40～60mm,焊缝不许有弧坑裂纹,如有应铲除。焊接时,包括点焊和缺陷的补修,气温应在5℃以上。焊后要在保温条件下缓缓冷却。为保证接头强度,焊缝外观标准:壁厚小于6mm 时,焊缝宽 14～16mm;壁厚在 7～8mm 时,焊缝宽 15～18mm;焊缝余高一般为2～3mm,仰焊部位小于 5mm;咬边的深度不大于 0.5mm,总长应小于圆管周长的 1/10;焊缝偏移应小于 1.5mm;焊瘤高度不超过 4mm;不允许有气孔、裂缝。

对海底管道的焊缝应全部检查,有条件应做 X 射线探伤。根据不同管段、结构、焊接条件、焊缝外观检查情况,原则上应抽取 1%的接头做力学性能试验。试件的力学性能要求依钢材而定,例如对 16Mn 钢焊缝的力学性能要求是:抗拉强度不小于520MPa,伸长率不小于 21%;屈服强度不小于 360MPa,冷弯角度不小于 120°。

装焊后的管道应试压,水压试验的试验压力为工作压力的 1.25～1.50 倍,气压试验时应为工作压力的 1.10～1.25 倍。

(2)管道防腐绝缘层和隔热保温层。防腐绝缘层的外观检查要注意表面有无裂纹、气泡和针孔;管两端应有完好的阶梯接茬和空白段;每根管取三个周长,由平均值计算周长的误差,对普通绝缘层允许误差 6mm,加强绝缘层 8mm。防腐绝缘层的黏结力检查,可在绝缘层表面割一条 45°～50°切口,撕开玻璃布检查钢管表面是否有沥青黏结,有沥青者表明黏结合格。对保温层要求厚度足够和均匀,隔水处理的喷涂表面均匀。

(3)混凝土加重层。要求质量达到 0.5%～10%的精度,尺度达到 0.5%的精度。

2.海底管道的维护保养

海底管道因所处的环境条件及本身的建筑特点,维护保养困难,所以要注意使用时的安全操作并加强检查制度。

应确保管道沿线各站点的通信联络畅通,随时互通管道运转情况;沿线应设置运转状况的监控装置,监控管道系统的切断阀。沿线应设置检漏装置,如压力、温度等测定装置,利用管道压力、温度等的变化来检查漏泄情况;这些监控、检漏装置每半年检验一次，以保证装置能良好地工作。

由于海底管道的立管部位所处环境条件恶劣，自然外载荷对它有严重影响，同时易遭工作船舶或过往船舶的撞击，易损坏，所以应特别注意维修检查，必要时可在立管部位装设报警装置，发生紧急情况能及时发出警报，以便及时处理。

对穿越地震烈度 7 度以上地震区的管道应设地震感应装置，发生地震后，应对管道本身及有关装置进行全面检查。

平时应有潜水检验人员和潜水作业船等定期对海底管道沿线及装置进行检查，在台风季节前后均应对海底管道进行检查；平时还要有巡视检查，过往船舶、捕捞活动危及管道安全时，要及时提出警告，以防管道发生意外的机械损伤。

海底管道的阴极保护设施要定期检查并测定有关参数以便调整时参考。对日常值班记录定期检查的报表编好存档，以便判断事故原因和位置，并可完善海底管道的维修保养，对新建海底管道也可提供丰富的实际资料。

思考题

(1)海底管道的铺设方法有哪几种？各适用于什么条件？

(2)什么叫海底管道的重力调节？重力调节的方法有哪几种？

(3)海底管道沉放中有哪些重要受力问题？

(4)铺管中管道弯曲应力分析有几种方法？

(5)铺管船铺管时管道受力分析的特点是什么？

第 7 章 立 管

7.1 立管的形式与构成

在海底与海平面上的生产装置或钻井装置之间、完成垂直输送介质任务的管道统称为立管。它连接海底石油开发生产装置或钻井设备。立管可以输送井下产出的碳氢化合物，也可以输送生产用的井下注入液、控制液等。在水下，立管通常是绝热的。立管有刚性的，也有柔性的。

7.1.1 立管的种类

立管的形式有很多种，按水深可以分为浅水立管和深水立管，浅水立管一般用于浅海固定式平台，分为外立管和内立管；深水立管主要用于半潜式平台、张力腿平台、立柱式平台和 FPSO 等，分为钢悬链线立管、顶部张紧立管、塔式混合立管、柔性立管和钻井立管等。图 7-1 为深海多重立管系统。

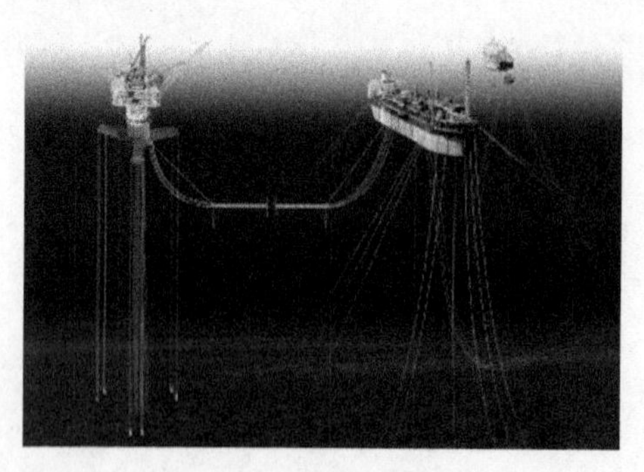

图 7-1 多重立管系统

1.浅水立管

浅水立管也称附设立管(attached risers),为最早开发的立管,它用于固定式海洋平台、顺应塔和混凝土重力式平台上。附设立管一般夹在平台侧面的结构上,也称外立管,如图 7-2 所示,用以连接海底管道与上部的设备。附设立管一般为分段装配,下端连接出油管;上端连接到甲板上的原油处理装置。

拉管立管(pull tube risers)也用在固定平台上,它穿过平台结构的中心,也称内立管。对于拉管立管,在平台上需要预先安装一条直径大于立管的拉管,然后用钢索系在海底和出油管道上,钢索通过拉管将立管固定在平台上,如图 7-3 所示。

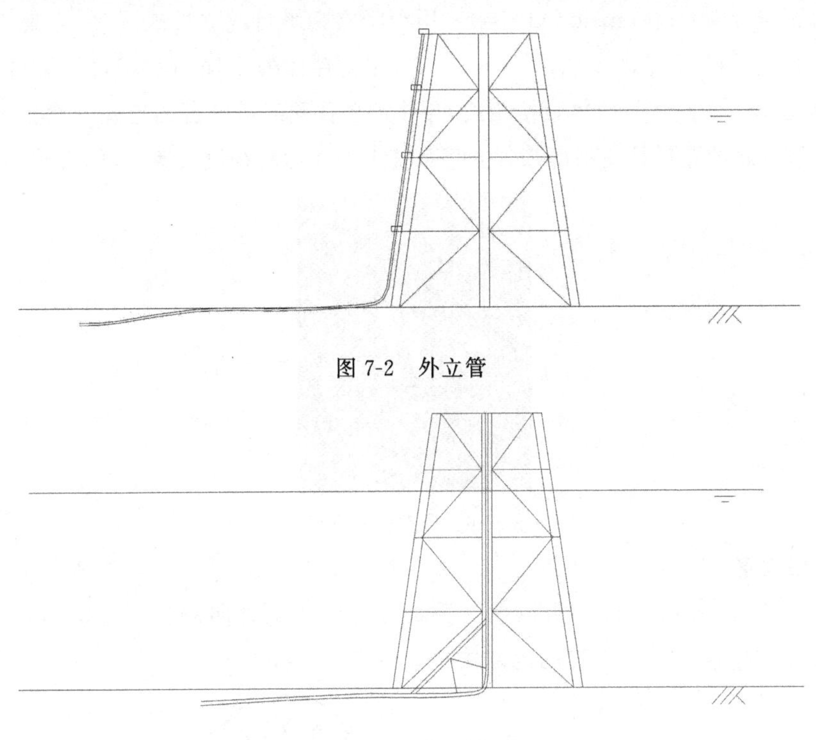

图 7-2　外立管

图 7-3　内立管

2.钢悬链线立管

钢悬链线立管(Steel Catenary Risers)是连接海底管道与浮式生产系统的悬链线形状的立管,有时也用于连接两座浮式结构。钢悬链线立管一般用于张立腿平台(TLP)、浮式生产储油与卸油系统(FPSO)和立柱式平台(Spar)等,如图 7-4 所示。

钢悬链线立管可以承受上部浮体在一定范围内的运动,但过大的运动可能会引起立管的破坏。钢悬链线立管容易遭受疲劳载荷,特别是在着底区(Touch Down Zone 或 Touch Down Area)以内,由平台运动、海流和涡激运动所引起的载荷,如图 7-5 所示。

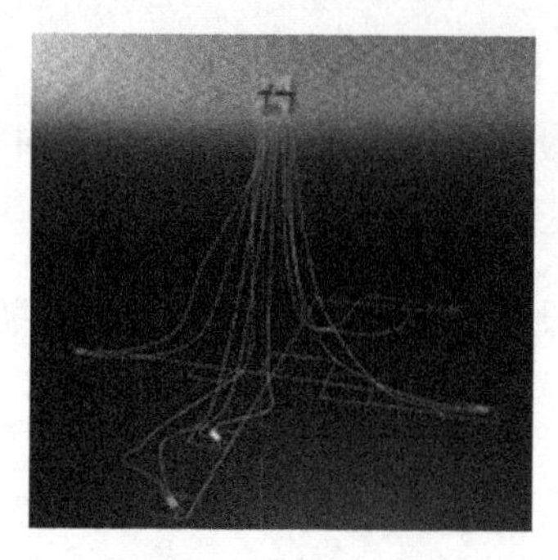

图 7-4 钢悬链线立管

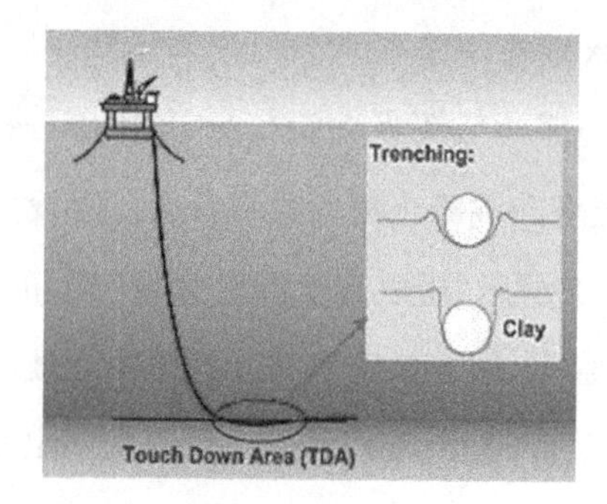

图 7-5 立管着底区

3.顶部张紧立管

顶部张紧立管(top-tensioned risers)用于张立腿平台或立柱式平台,它是一种终端连接到平台之下的垂直立管,如图 7-6 所示。尽管浮体处于锚泊状态,但风浪作用依然会使浮体运动。而立管与浮体直接相连,会导致立管顶部与平台的连接处发生过大的拉力。解决该问题的途径是在顶部张紧立管系统中增加运动补偿装置,以保持其张力不变。

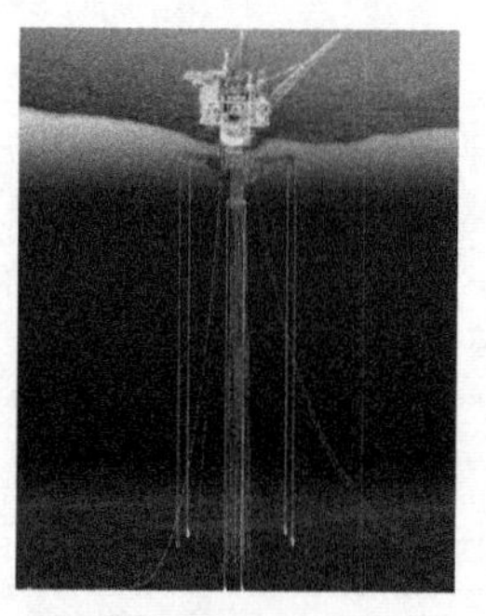

图 7-6 顶部张紧立管

4.柔性立管

柔性立管(flexible risers)可以承受垂直方向和水平方向的相对运动,可以很好地满足与浮体的连接。柔性立管的内部构造如图 7-7 所示。

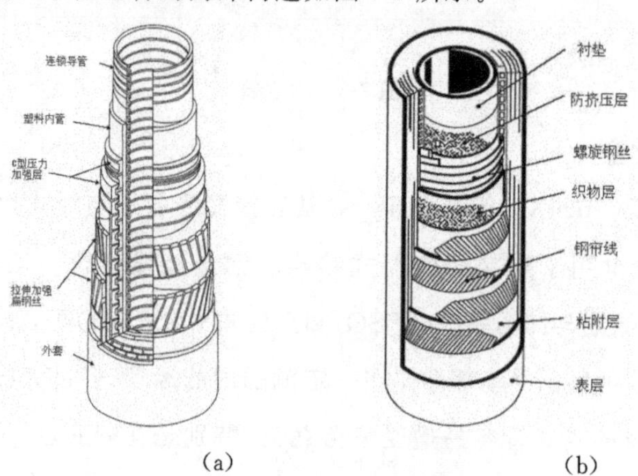

图 7-7 柔性立管的内部结构

(a)非黏合柔性管 (b)黏合柔性管

柔性立管最初应用于从浮体上的生产装置到生产立管或出油立管的连接，但如今人们发现柔性立管同时是一种最基本的立管形式。

5.塔式混合立管

塔式混合立管也称为混合立管(Hybrid Riser)或塔式立管(Riser Towers)，该立管一般用于超深水环境中，它包含一个钢圆柱塔处于水下接近于水面，塔顶安装一个浮筒，立管连接浮筒到海底，浮筒的浮力使得立管受张力保持原位。然后用柔性立管从刚性垂直立管顶部最终连接到海洋平台，如图 7-8 所示。塔式混合立管形式更能够适应浮体的运动。

混合立管最大的优点是：①机动性好，有可拆的转塔和立管，可以在恶劣海况下方便地移走上部的浮体；②与顶部张紧立管相比，立管塔设计大大降低了立管的疲劳载荷。

图 7-8 塔式混合立管

海洋立管的形式与所连接结构的形式及海区环境条件(如水深、风、波、潮流、冰、海底地质、土壤性质、过往船舶以及抗震设防等)有关，而且管段本身的结构尺度，输送介质的性质、压力、温度、施工设备及施工能力等对选择立管形式也有影响。所选立管的形式应保证整个结构系统运行安全可靠、施工维修方便且技术经济合理。

6.钻井立管

钻井立管是钻井船或钻井平台的井架下端连接到水下井口防喷器的大口径管道。通过钻井立管，可以把钻井的动力向井下传递；同时泥浆从上端输送到井下，把钻井产生的岩屑带出，再输送到水面上，形成泥浆循环。图 7-9 为钻井立管。其中可伸缩接头也称运动补偿装置，用于补偿船体的垂向运动。

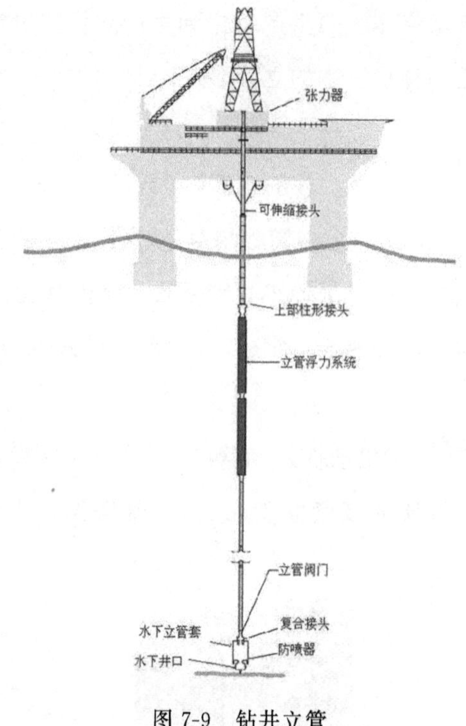

图 7-9　钻井立管

7.1.2　柔性立管的布置形式

由于立管的上部经常受到风、浪、流等多种海洋环境载荷的作用而产生相当大的位移，立管的下部仅受海流作用产生的位移幅度较小。为保证立管结构不被破坏，可以采用柔性立管，从而降低立管的应力。

柔性立管有很多种布置形式，一般是根据生产工艺要求、现场环境条件、船舶的运动以及立管的材料特性等而定。通常有自由悬链线型(Free Hanging Catenary)、缓波型(Lazy Wave)、陡波型(Steep Wave)、缓 S 型(Lazy S)、陡 S 型(Steep S)和顺应波型(Pliant Wave)等，如图 7-10 所示。

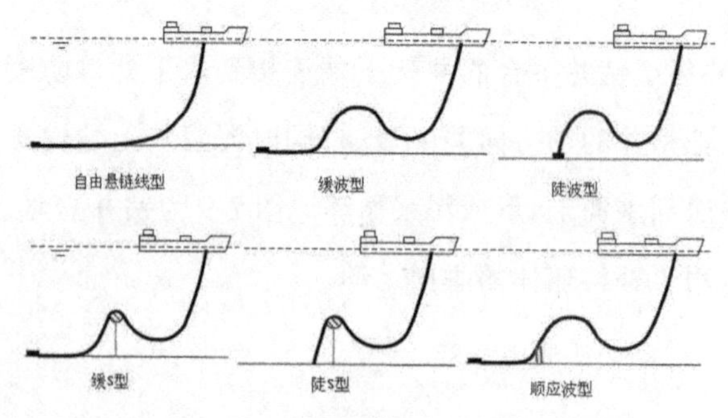

图 7-10　各种不同的柔性立管布置型式

1.自由悬链型

为柔性立管的最简单布置形式，它易于安装，成本低。但由于船体的运动会使立管在海底接触点(Touch Down Point)移动，对下端立管的屈曲强度产生很大的影响；同时由于深海立管长度大，立管顶端的张力会非常大。

2.缓波型和陡波型

对长度很大的立管，在不同位置调整管段的浮力与重量，而形成缓波型或陡波型。调整浮力大小，可以用复合泡沫塑料固定在管段上。缓波型立管的形状会随着立管内所输送介质密度的不同而变化。陡波型立管一般需要海底基础和弯曲加强套。

3.缓S型和陡S型

缓S型和陡S型立管需要用一个固定的浮筒，浮筒可以用锚索固定在海底。由于浮筒吸收了立管的拉伸与振动，这种类型的立管大大减少了船体及立管的运动对海底触点的影响。

在前两种立管不能满足要求时，可以使用S型立管。不过，S型立管的安装过程较复杂。缓S型立管需要一个垂直锚，陡S型立管还需要抗弯加强套。如果船舶的运动幅度过大时，依然会导致立管的海底触点处发生问题。

4.顺应波型

在陡波型立管的基础上，在海底增加一个锚，以控制海底触点，这样拉力就会传递到锚而不会传递到立管的海底触点。这种形式的立管可以不受内部介质的密度变化的影响，也不会因船体运动而对立管的海底触点产生不良影响，但这种形式的立管安装过程复杂，只有在以上几种形式不能满足要求时才使用。

7.1.3　立管的构造

浅水立管系统包括立管管段和支承构件两部分，而立管管段又包括海底管段、过渡段、垂直管段、甲板管段及水平膨胀弯管等。

1.立管管段

立管管段中的海底管段是与海底完全接触或埋入海底的部分，它是完全固定的管段，作为立管系统的边界嵌固点。过渡段是从嵌固点到平台垂直立管间的管段(膨胀弯管包括在此范围内)，它可以沿轴线移动，甲板管段是平台甲板上的管段，它可加强立管端部的刚度，对外立管顶端应力影响较大。而大多数浅海立管都被垂直固定，不受甲板管段刚度的影响。

2.立管支承构件

支承构件是指沿立管所设置的一系列约束构件，包括与海底接触点、滑动套和设在平台上的弹性吊架或固定的构件，它是立管安装的重要部件。常用的支承件有：

(1)焊接立管卡。立管卡像一鞍座,是结构整体的一个部件,通过焊接加强板与平台弦杆或混凝石结构的固定钢板联接。在立管支承处有氯丁橡胶垫衬,以减少管壁受局部弯曲的作用,并可减少机械振动对立管卡的作用。这是最常用的立管支承构件。

(2)螺栓连接立管卡。支承立管的卡子通过螺栓与结构连接。这个卡子可不加橡胶垫衬。立管卡像一个套筒,立管可在其内滑动。卡子对立管纵向移动和扭转的约束很小,其作用相当于活动支座。

(3)十字头型立管卡。它是在立管上焊一块贴合的钢板,用一托架或十字头支承钢板。

深水生产立管按内部构造可分为单层管和双层管,其构造如图 7-11 所示。

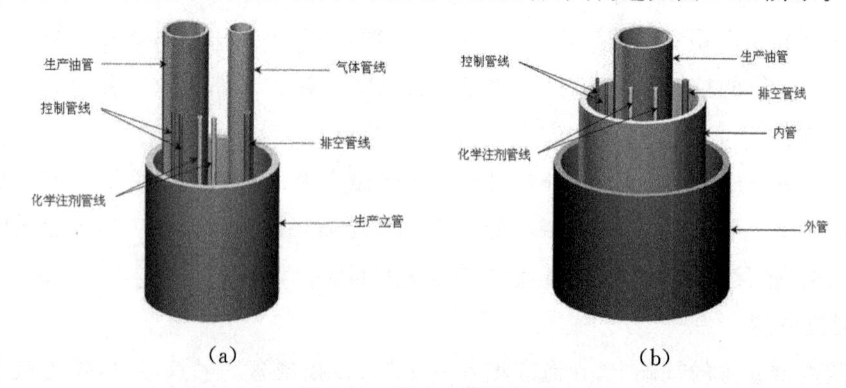

图 7-11 深水立管的构造

(a)单层管 (b)双层管

深海立管附件包括立管接头(Riser joint)、浮力单元(Buoyancy module)、抗弯加强套(Bend stiffener)、钟形口(Bellmouth)和弯曲约束装置(Bending Restricter)。

图 7-12 为立管接头,图 7-12(a)为实体图,图 7-12(b)为剖面图;抗弯加强套如图 7-13所示,图 7-13(a)为上下对准状态;图 7-13(b)为插入状态;图 7-13(c)为连接状态。图 7-14 为钟形口,对该管段的弯曲变形进行限制。图 7-15 为弯曲约束装置。

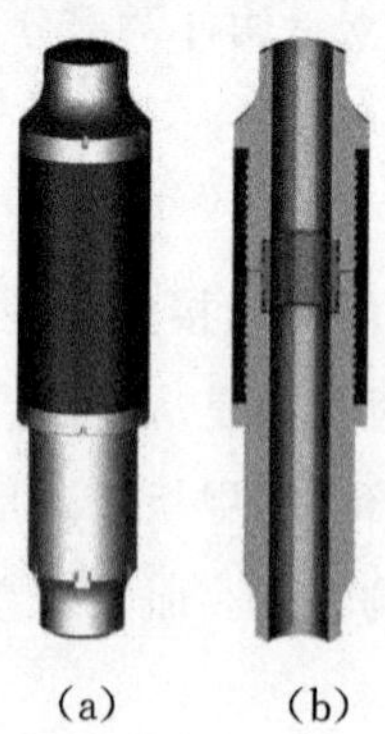

图 7-12 立管接头

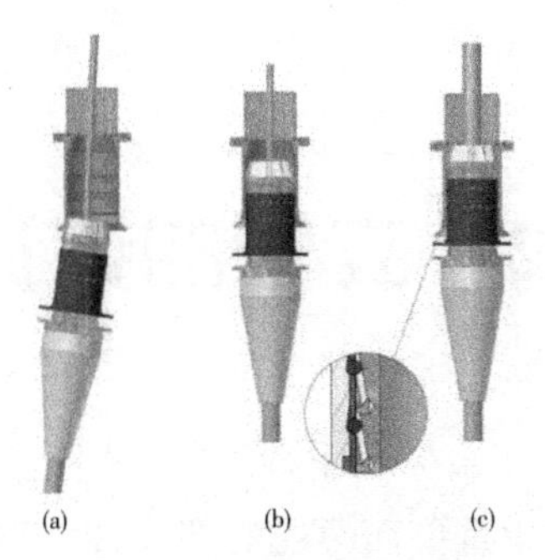

图 7-13 抗弯加强套

(a)对准 (b)插入 (c)连接

图 7-14 钟形口

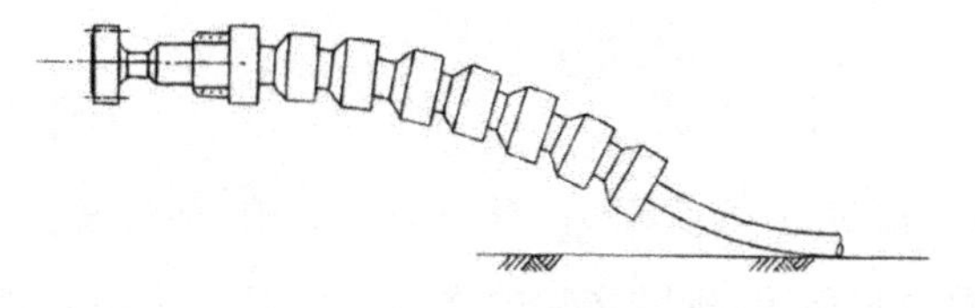

图 7-15 弯曲约束装置

对悬链线立管和顶张力立管(见图 7-16),立管系统还包括浮筒、上部复合接头、底部球形接头和抗弯加强套等。其中浮筒可以减小顶部的张力,上部复合接头可以消除波浪产生的弯矩,底部的球形接头可以允许立管的偏转。

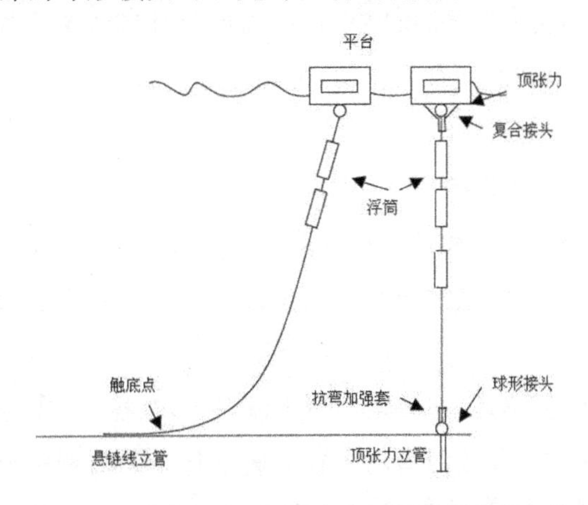

图 7-16 悬链线立管和顶张力立管及其附属部件

7.2 立管的设计

立管是海底管道整个系统中重要而薄弱的部分，由于它所处的海洋环境条件恶劣，受风、波、流、冰和地震等自然载荷的作用，这些外载荷又都是动载荷，可能会使立管产生过大应力而导致屈服或屈曲，也可能引起立管的振动而导致疲劳。又由于立管类型不同，其安装方法也不同，在安装过程中，可能会产生较大的施工应力。在设计中会遇到不同于海底管道的特殊问题，所以对立管的设计应予以足够的重视。

7.2.1 设计原则

由于立管所处的位置与载荷的特殊性，立管设计不同于铺设于海底的一般海底管道。首先要保证立管布置合理、满足工艺要求、安全可靠、经济耐用、施工简便，具体还要考虑以下内容：

1.强度设计

在顶部张力、海底锚泊力、自身重力、浮力以及波浪、海流等诸多因素作用下，立管要承受轴力、弯矩、剪力和扭矩，所以立管的强度分析是一个细长柔性结构体的复杂受力问题。随着有限元计算方法的不断完善，研究人员开发出了专门用于立管强度分析的有限元计算软件，如 FLEXCOM，ORCAFLEX 和 RIFLEX 等，另外还编制了立管安装设计软件，如 OFFPIPE 和 PIPELAY 等。

立管在海洋环境中长期工作，所以立管的强度设计应该考虑极端恶劣海况下的载荷，需要考虑风暴潮及地震对立管的作用；另外还有内波对立管的影响，也有待于进一步研究。

2.疲劳设计与涡激振动分析

由于立管所受的海洋环境载荷为动载荷，其中波浪、海流等载荷为周期性载荷。长期在周期性载荷作用下，立管结构会发生疲劳破坏。所以对立管及其附件需要进行疲劳分析与设计。

圆形立管为非流线型物体，在一定的恒定流速下，在物体两侧会交替地产生脱离结构物表面的旋涡，这种交替发放的泻涡会在立管柱体上生成顺流向及横流向周期性变化的脉动压力。这种脉动流体力将引发立管的周期性振动，而柱体振动反过来又会改变其尾流的泻涡发放形态。这种流体与结构物相互作用的问题被称作涡激振动。立管的涡激振动可以用 Shear7，VIVA，VIVANA 等软件进行分析。

3.立管的耦合分析

在波浪、海流等载荷作用下，海洋平台与立管、立管与立管之间的运动与受力之间存在耦合作用。研究耦合作用下立管的运动与受力，可以更准确地分析立管的强度问题。目前利用 HARP 软件可以对立管和浮体进行耦合运动分析。对于悬链线立管，还要考虑立管与海底土之间的耦合作用分析。

考虑以上因素，在满足功能和规范的要求下，还要选择最经济的方案设计。立管的设计可分为以下几个主要设计阶段：

(1)概念设计。该阶段设计的主要目的是确定技术可行性，确定下一设计阶段所需的信息，进行资本和进度估计。这通常称作“方案选择”。

(2)初步设计。该阶段的主要任务是进行材料选择和确定壁厚；确定生产管线和立管的尺寸；执行设计标准检查；准备材料清单和授权应用。基本方案需要在这个阶段定稿，也称作“定义阶段”。

(3)详细设计。该阶段的所有设计工作需要足够详细以进行采购和制造。而且，工程过程、说明书、材料清单、测试、勘测和制图需要全面开展。这个阶段也称作工程“执行阶段”。

7.2.2　设计流程

设计流程的主要目的是以运行数据(如设计压力和温度、油田数据和处理数据)为基础确定最优化的管道和立管设计参数。图 7-17 为立管设计螺旋线，图 7-18 为立管设计的流程图。

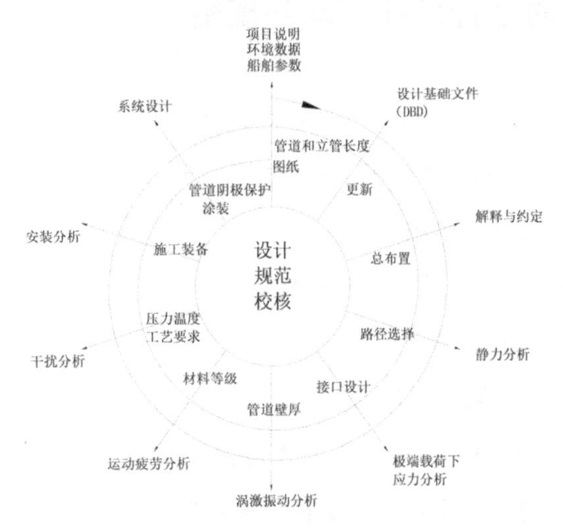

图 7-17　立管设计螺旋线

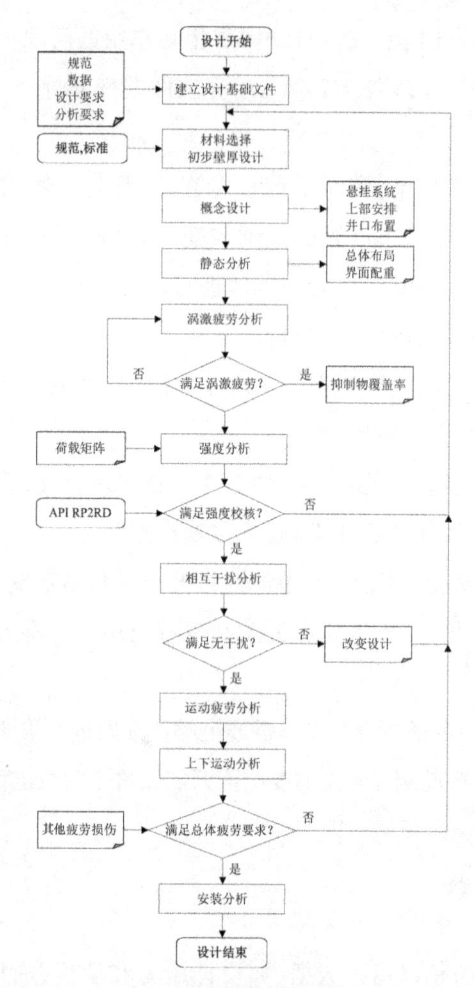

图 7-18　立管设计流程

7.2.3　现行的立管设计标准和规范

相关的船级社和权威机构诸如 API、NPD、HSE、NS、BS、CSA、DNV 和 ABS 等已相继推出一系列立管设计标准和规范。海洋立管设计的专门规范主要有：

API RP 16Q——钻井立管设计；

API 2RD——用于设计连接浮式系统的立管；

API 17B,17J——柔性立管设计；

ISO 13628-5——水下脐带缆设计。

在设计中最常用的两种设计模式为工作应力设计法(WSD-API)和极限状态设计法(LSD-DNV,IS0)。结构设计要考虑以下几个关键因素：

(1)外载荷。

(2)结构自身的抗力。

(3)所采用的设计规范。

7.2.4 设计载荷及载荷组合

1.工作载荷

分为运行期间的工作载荷和安装期间的工作载荷。

运行期间的工作载荷包括重力、设计压力和温度变化产生的作用力等。重力包括管道自重、附件重、涂层重和所输介质重。凡被浸没的管段还应考虑浮力的作用。由于立管是垂直或倾斜的,则所输送介质的重力及浮力产生的应力和管段重力所产生的应力具有不同的效果。若重力项内包括了管段浮力,则应加上由于压力产生的轴向作用力。

设计压力指液流在稳定状态下立管所承受的最大内部流体压力与外压之差。外压指外部静水压力,此力应根据不同计算工况,按不同水位计算,内部流体压力指静压头和克服摩阻所需的压头。

安装期间的工作载荷,除重力和压力外,还包括安装作用力。安装作用力指由于安装作业作用在立管上的全部力,如立管拖拉时的拉力、吊装时产生的作用力等。

2.环境载荷

包括风、浪、流、冰、地震等环境因素产生的载荷以及人类活动产生的偶然载荷,如船只、拖网、渔具和锚的撞击等。

(1)风载荷。一般取风速与所依附平台的设计风速一致,并应考虑稳定状态的最大风速和最大波浪载荷组合,风速一般取一分钟持续风速。风力除作为静力载荷外,还应考虑风激振动。

(2)波浪载荷。立管水下部分必须按最不利情况考虑波浪力的作用。一般情况下立管属于小尺度构件,即 $D/L < 0.2$(其中 D 为构件外径,L 为波长),可以用莫里森公式计算波浪作用于立管的载荷。若立管由数根紧密排列的管子组成,则在确定每根管子或整个管束的惯性力系数和拖曳力系数时,应考虑相互作用效应和整体作用效应。如果得不到充分可靠的数据资料时,可进行大尺度比的模型试验。当立管系统的结构为大尺度构件时,结构物及其构件的存在对波浪通过立管时的流态有较大的影响,这时

需用绕射理论来求波浪对立管的作用力。

(3)海流载荷。作用于立管上的海流引起的拖曳力和升力应和波浪力一起综合确定,可将波浪和海流引起的水质点速度矢量相叠加。海流的作用中,应特别注意海流诱发的涡激振动。因为当这种振动处于常态连续发生时,立管会因疲劳而破坏。为使外立管避免产生涡激振动,可以控制立管支承卡的间距。

(4)海冰载荷。若立管位于可能结冰或有浮冰漂移的海区,应考虑平整冰和浮冰产生的冰载荷。对于海岸附近的浅水地区还应考虑浮冰的磨损、撞击和堆积作用。

当立管系统的海面以上部分处于冰冻情况时,应考虑下述力的作用:冰的重力;冰融化时流冰撞击力;冰膨胀产生的作用力;由于冰冻使立管暴露面积或体积加大,从而增加的风力和波浪力等。

冰力作用位置可按设计高潮位(即包括天文潮,不包括风暴潮)考虑。冰载荷也是一种动载荷,应考虑其动力响应,必要时可进行冰和结构物(立管)的动力相互作用的模型试验。

(5)地震载荷。对于地震设防的海区,应考虑由于地震力作用于立管下端时给予立管的地震加速度。有关地震数据通常以谱的形式提供,而对于平台的振动情况,可通过响应谱分析给出结果。对于运行期间的立管,还应考虑海底土可能产生的大变形对立管和平台产生的影响。

3.偶然载荷

偶然载荷是指除地震载荷和试压载荷以外的偶然载荷,如各类船舶、拖网渔具及坠落物体落水对立管的冲击载荷等,这些载荷不应直接作用于立管,所以应按这类载荷设计防护结构。

4. 载荷组合

载荷组合的原则是根据不同设计状态,对可能同时出现的各种载荷进行最不利的组合。对立管系统的载荷组合,应考虑两种状态,即正常在位状态和安装状态。在位状态包括运行和维修状态,安装状态包括立管吊装、连接和运输等以及维修状态。

立管在各种设计状态的载荷组合如下:

(1)在位状态。

①恒载荷+设计压力+风力+波浪力+海流力。

②恒载荷+设计压力+风力+冰力+海流力。

③恒载荷+设计压力+地震力。

(2)安装状态。立管系统热膨胀的影响和偶然载荷一般作为校核载荷。

其中,地震载荷不与其他环境载荷进行组合。环境载荷(风、浪、海流和冰等)都是随机载荷,应用概率统计方法进行计算。对正常在位状态的环境载荷应考虑重现期不小于50年所引起的最大载荷。

7.2.5 立管受力分析

为了防止立管出现屈服、屈曲和疲劳等引起损坏,应对立管的强度和稳定性进行校核。其校核包括屈服、屈曲、压曲扩张和压杆稳定等,所用校核方法与水平管道相同。

传统的立管分析方法是将立管简化为一根细长杆,再根据立管不同的布置形式,将约束条件进行简化,选择50年一遇的海况作为最大载荷施加外力,利用静力学方法进行强度分析。

实际上,将立管、地基及海洋平台作为系统进行整体有限元分析也是必要的,但该立管中上部有波浪作用下的超大型浮体;中间有非定常海流作用下的立管细长结构(有的立管上还带有浮筒);立管下端又受海底地基作用,有的还要考虑锚索作用。所以,作为一个系统问题,各种因素耦合,这个问题的计算工作大且十分复杂。

随着有限元软件的不断开发和计算器硬件计算速度的提高,使得该问题的解决成为可能。目前有的有限元软件可以计算锚泊作用下大型浮体的水动力响应,有的软件可以计算细长立管的强度分析。可以将上述不同的问题用不同的软件进行数值模拟,再用人工迭代的方法求解该问题。

立管受力分析也可以用实验方法。利用相似理论制作立管模型,进行试验研究。试验研究时,对于局部结构,可以做到运动相似甚至动力相似;但对于立管系统,难以做到几何相似,更无法实现动力相似。

对立管系统的受力分析,要考虑以下各项因素的作用:

(1)上部浮体对立管的静力和动力作用。

(2)波浪对立管的作用。

(3)海流对立管的作用。

(4)涡激运动引起的附加惯性力。

(5)海底基础对立管的作用。

细长立管结构在两端约束、中间受横向静态和动态力作用的情况下,立管的张力会产生较大范围的变化。特别是恶劣海况下,立管系统各部分的浪致、流致运动所产生的惯性力会导致立管的张力变化可能过大,从而导致在立管顶部连接处发生强度破坏。

除立管系统的强度计算外,还应考虑立管在波浪作用或涡激振动等交变载荷作用下的疲劳问题。

疲劳分析的目的是确保结构有足够的安全性,防止结构在计划寿命期内发生疲劳损坏。在定常幅交变载荷作用下,钢材的疲劳特性用 S-N 曲线描述。

图 7-19 为海工结构常用钢材的 S-N 曲线。它表示在循环应力幅值 σ 下,导致破坏所需的循环次数 N 。疲劳破坏通常用疲劳损伤度 D 表示,对海洋立管来说,在其寿命期内,承受各种海况引起的不同交变载荷,而每个循环应力幅值都造成立管一定程度的疲劳损伤,立管疲劳破坏取决于全部应力幅值的累积损伤度。累积损伤度为:

$$D=\sum_{i=1}\frac{n_i}{N_i} \tag{7-1}$$

式中,n_i ——实际应力循环次数;

N_i ——允许应力循环次数。

结构达到破坏时累积损伤度为 1,假定循环 L 次损伤尽其寿命,则

$$L=\frac{1}{\sum\frac{n_i}{N_i}} \tag{7-2}$$

若每次循环时间为 t_1,则疲劳寿命 $T=Lt_1$。

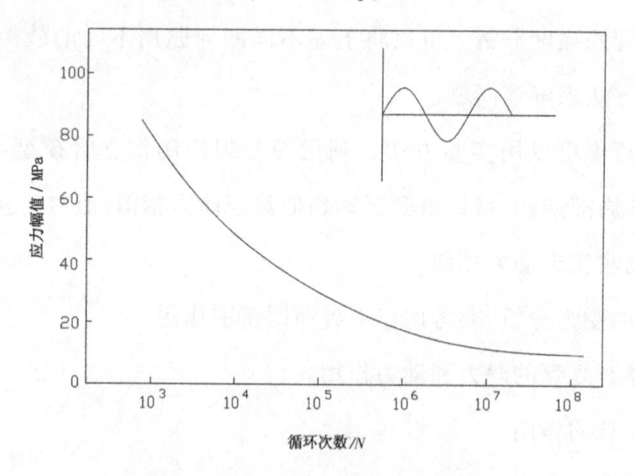

图 7-19 海工钢结构的 S-N 曲线

7.3 立管的涡激振动

7.3.1 概述

当波浪和海流流经立管(细长圆柱体)时,在一定的流速条件下,可在立管两侧交替地形成一对固定对称的旋涡,该旋涡引起的周期性阻力可使圆柱体在来流方向发生振动,即所谓线内(in-line)振动或纵向振动;随着流速的增大,可在立管两侧交替地形成强烈的旋涡,旋涡脱落会对立管产生一个周期性的可变力,使得立管在与流向垂直的方向上发生横向振动,又称为垂向振动(cross-flow)。与此同时,旋涡的产生和泄放,还会对柱体产生顺流方向的拖曳力,也是周期性的力。但它并不改变方向,只是周期性的增减而已,这会引起立管的纵向振动。结构的振动反过来又对流场产生影响,使旋涡增强,振动加剧。

在一般情况下,纵向振动比横向振动幅值约小一个数量级,频率约是其两倍。当旋涡脱落频率与立管固有频率接近时,将引起立管的强烈振动,旋涡的脱落过程将被结构的振动所控制,从而使旋涡的脱离和管道的振动具有相同的频率,发生“锁定”(lock-in)现象。锁定现象的产生并不会马上使立管产生破坏,但会加剧立管的疲劳破坏。旋涡脱落现象在管道工程结构中诱发大振幅振动,在工程实际中对立管产生很大的影响。

近年来的大量实验和研究表明,立管的横向振动和纵向振动都对整个立管系统的疲劳破坏有不可忽略的作用。在低流速情况下,低阶的立管模态是由张力控制的,这时的立管疲劳主要是由纵向振动引起的;在高流速情况下,高阶的立管模态是由弯矩控制的,这时的立管疲劳主要是由横向振动引起的。

任何具有足够陡峭后缘的工程结构,在亚音速流中都会产生旋涡脱落现象。无论引起激发作用的工程结构是何类型,其旋涡都十分相似。当旋涡交替地从工程结构的每一侧脱落时,在工程结构上面就激发起周期性作用力。脉动的力就能够使弹性连接的圆柱体产生振动。旋涡脱落现象在弹性结构中会诱发的大幅振动,在海洋工程中,由旋涡激发的振动会对海洋立管产生破坏作用。

流体(包括水流和气流)运动时,对细长结构物的作用可能有以下几种方式:

(1)沿流向的拖曳力。拖曳力的大小同水质点速度的平方成正比,所以不大的流速也会产生重要的影响。同波浪的作用相比,尤其是同波长不大的风成波的作用相比,流力的影响深度一般远大于前者。

(2)与流向垂直的升力。升力来自在结构周围形成的特定的流场,它可能是由于在结构尾端出现的“旋涡泄放”,也可能是由于特定的结构外形与水流方向的组合而造成的。这两种情况都可能发生流固耦合作用为特点的强烈结构振动:前者即涡激振动,后者会出现跳跃振动(也称超驰振动,驰振)或颤振。

(3)作为不稳定流运动的波浪和紊流(湍流)也会引起结构的振动。

(4)水流会使波浪的特性参数如波长、波陡、波速等发生改变,流速与波速越接近,这种影响越显著。当水流经过一固定结构物时,会在结构尾部的水面造成一种驻波,类似于船的兴波。水面的变化,自然也会影响作用在结构物上的载荷。

流与结构引起相互影响的两个紊流,而它们之间的相互作用又是动态的。流体作用在物体上的两个力将这两个系统联系在一起。流体作用力使结构发生变形和运动,而结构的运动又随时改变着它同流体运动之间的相对位置和相对速度(大小、方向),从而改变了流体力。

流体与结构之间的相互作用取决于流体和结构两大方面的因素,主要是:

(1)流体的密度和流体的速度(大小、方向)。

(2)结构的尺度和形状。

(3)结构的刚度、质量及其分布。

7.3.2 旋涡泄放与涡激振动

当流体经过一个非流线型物体时,在物体的后面会产生尾流和旋涡,如图 7-20 所示。这种旋涡的出现具有周期性,而且在一定的条件下会形成流体与结构之间的耦合作用。

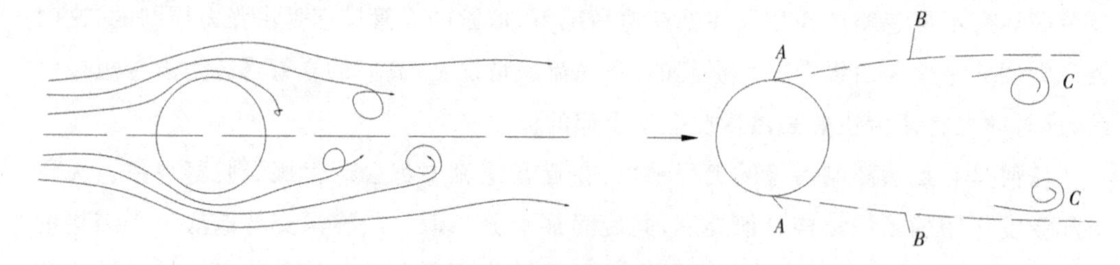

图 7-20 物体的尾流和旋涡

A—分离点 *B*—剪切层 *C*—尾流区

1.旋涡的形成和泄放

以图 7-20 中的圆柱体为例说明。当流体接近于物体前缘时,因受阻滞而压力增加。这一增高的压力使围绕柱体表面边界层沿两侧向下游方向发展。但当雷诺数 Re 较高时,这一压力并不足以使边界层扩展到柱体背后一面,而是在柱体断面宽度最大点附近产生分离点。分离点即沿柱体表面速度由正到负的转变点或零速度点,在分离点以后沿柱体表面将发生倒流。边界层在分离点脱离柱体表面,并形成向下游延展的自由剪切层。两侧的剪切层之间即为尾流区。在剪切层范围内，由于接近自由流区的外侧部分，流速大于内侧部分，所以流体便有发生旋转并分散成若干个旋涡的趋势。在柱体后面的旋涡系列称为“涡街”。

旋涡在柱体左右两侧交替地、周期性发生。当在一侧的分离点处发生旋涡时，在柱体表面引起方向与旋涡旋转方向相反的环向流速 v_1，如图 7-21 所示。因此发生旋涡一侧沿柱体表面流速 $v-v_1$ 小于原有流速 v ，而对面一侧的表面流速 $v+v_1$ 则大于的原有流速 v ，从而形成与来流垂直方向作用在柱体表面上的压力差，也就是升力 F_L 。当一个旋涡向下游泄放即自柱体脱落并向下游移动时，它对柱体的影响及相应的升力 F_L 也随之减小，直到消失。而下一个旋涡又从对面一侧发生，并产生同前一个方向相反的升力。因此，每一“对”旋涡具有互相反向的升力，并共同形成一个垂直于流向的交变力的周期。当结构自振周期和这个升力的周期接近时，流体与结构之间的耦合效应就会变得强烈。与此同时，旋涡的产生和泄放还会对柱体产生顺流向的拖曳力 F_D 。F_D 也是周期性的力，它并不改变方向，是周期性的增减而已；其周期仅为升力 F_L 周期的一半，即每一个单一的旋涡的产生和泄放，便构成拖曳力 F_D 的一个周期。由于同升力 F_L 相比，拖曳力 F_D 在数量上很小(约比升力小一个数量级)，所以它对结构的影响不如升力那么重要。

流体经过一物体时，尾部的流态以及旋涡的产生和泄放，与雷诺数有关。

$$Re=\frac{vD}{\nu} \tag{7-3}$$

式中，v ——来流流速(cm/s)；

D——圆柱直径(cm)；

ν——流体的动黏滞系数(cm²/s)。

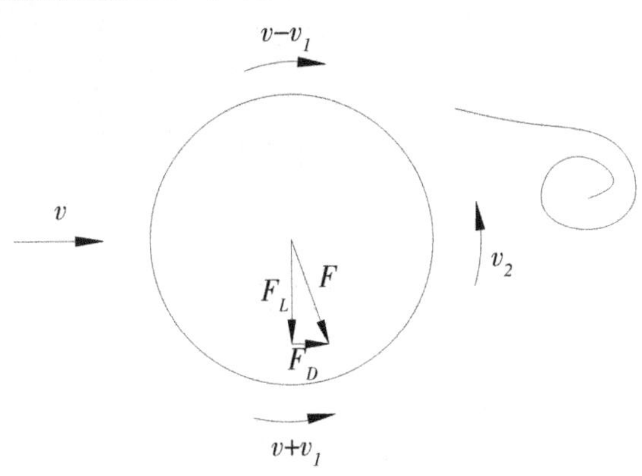

图 7-21 柱体表面的环向流速

当根据实验结果给出的 Re 数不同时，流体通过一圆柱体的流态以及旋涡的形成和泄放的变化过程，如表 7-1 所示。

表 7-1　不同雷诺数时的旋涡脱落情况

图示	雷诺数范围	现象
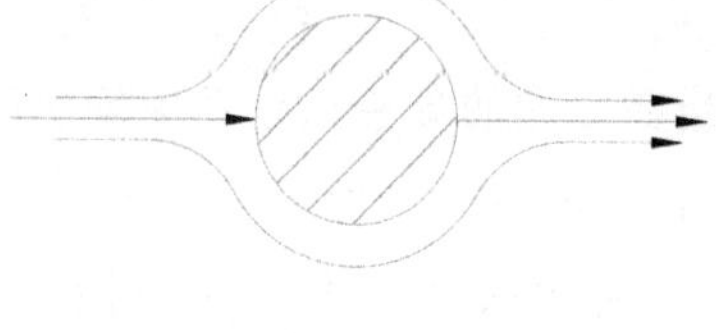	$Re < 5$	无分离现象发生
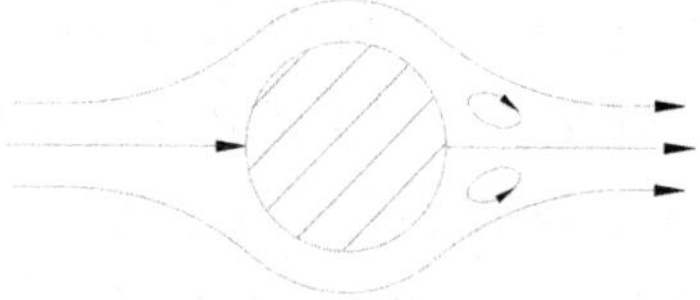	$(5-15) \leqslant Re < 40$	柱后出现一对固定的小旋涡
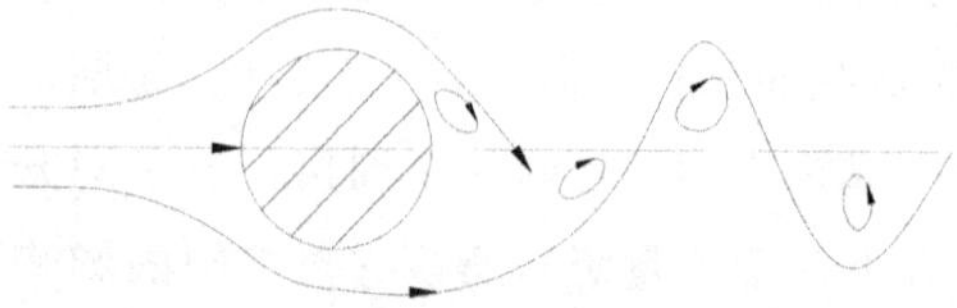	$40 \leqslant Re < 150$	周期性交替泄放的层流旋涡
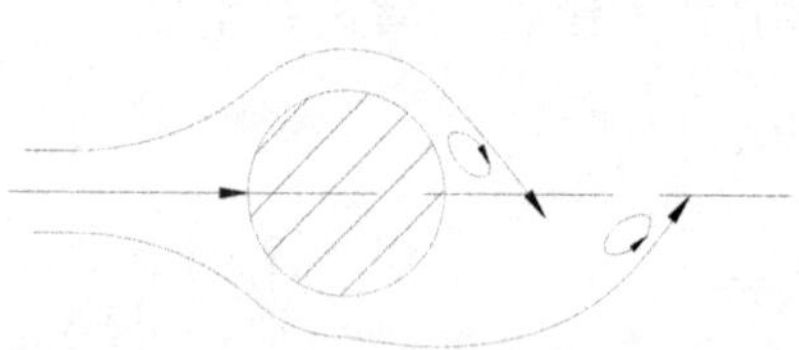	$300 \leqslant Re < 3 \times 10^5$	周期性交替泄放的层流旋涡。完全紊流可延续至 $50D$ 以外($Re=300$)，称为次临界阶段
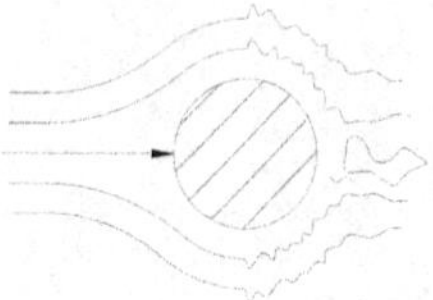	$3 \times 10^5 \leqslant Re < 3.5 \times 10^6$	过渡段，分离点后移，旋涡泄放不具有周期性("宽带"发放频率)，曳力显著降低
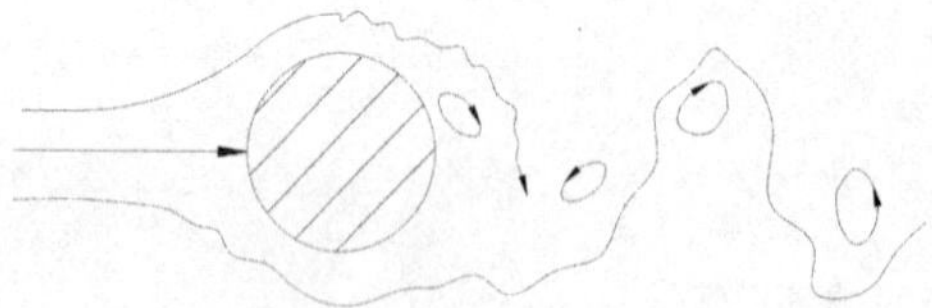	$3.5 \times 10^6 \leqslant Re$	超临界阶段，重新恢复周期性的紊流旋涡泄放

注：① $150 \leqslant Re < 300$ 为过渡段。② $Re = 3 \times 10^5$(依来流的紊动程度及柱面糙度而有所不同)时，开始形成紊流边界层，故此时的雷诺数为临界值。

2.Strouhal 数和流固耦合振动

Strouhal 数是升力频率的一种无因次表达，即

$$S=\frac{f_S D}{\upsilon} \tag{7-4}$$

因此，升力频率或旋涡“对”的泄放频率 f_S，也称为 Strouhal 频率。一般情况下，流速远小于流体介质中的声速，此时的 S 主要取决于剖面的形状和 Re 数。图 7-22 为由实验得到的圆柱体的 S 和 Re 曲线。可见在次临界阶段（$300\leqslant Re\leqslant 3\times 10^5$），$S\approx 0.2$；在超临界阶段（$Re\geqslant 3.5\times 10^6$），$S$ 也将具有确定的数值；在过渡阶段（$3\times 10^5\leqslant Re\leqslant 3\times 10^6$），由于出现随机性的旋涡泄放，不能明确规定 S 的数值，这时只能定义宽带泄放频率的主频率为旋涡泄放的频率。

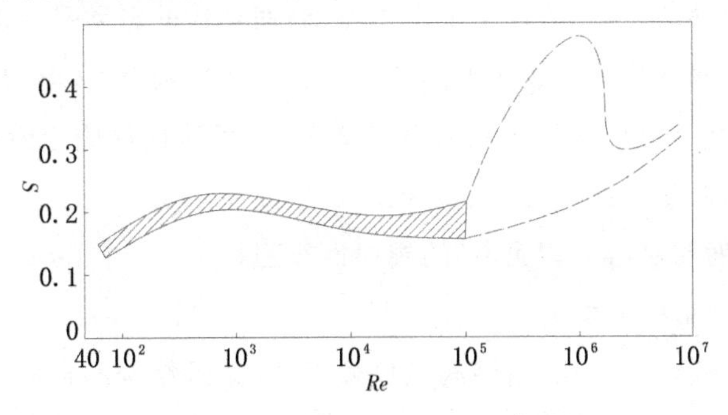

图 7-22 圆柱体的 S 和 R_e 曲线

升力 F_L 和拖曳力 F_D 常用无因次的升力系数 C_L 和曳力系数 C_D 表达：

$$F_L=C_L.\frac{1}{2}\rho\upsilon^2 D \tag{7-5a}$$

$$F_D=C_D.\frac{1}{2}\rho\upsilon^2 D \tag{7-5b}$$

当柱体为刚性时，在旋涡泄放过程中，F_L 和 C_L 都以 Strouhal 频率 f_S 而周期性地改变大小和方向。拖曳力 F_D 可分为两部分：①不随时间而变的平均拖曳力 F_{C0} 及相应的曳力系数 C_{D0}；② $2f_S$ 频率变化的波动曳力 F_{D1} 及相应的系数 C_{D1}。系数 C_L，C_{D0} 和 C_{D1} 都同 Re 数及物体表面糙度有关。图 7-23 为光滑的固定圆柱体的 C_L 和 Re 的实验关系曲线。由图可见，在某一特定的 Re 数值范围内（$4\times 10^5\sim 8\times 10^5$），$C_L$ 出现骤降。与这一范围相应的流态特征是没有规律性的旋涡泄放。实验中发现，在这一范围内，升力无明显的主频率。这时水流呈现紊动，而无明显的旋涡。但当 Re 继续增大时，规则的旋涡衔又会重复出现。

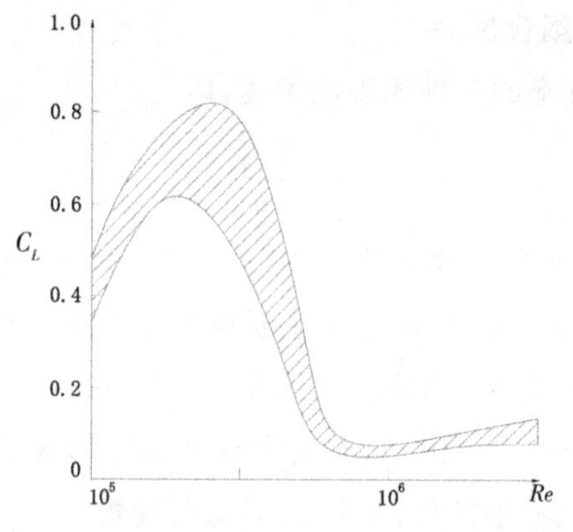

图 7-23　圆柱体的 C_L 和 Re 的关系

如果柱体是弹性的，在流的作用下产生振动，而柱体的振动又会诱发旋涡的发生和泄放。尤其是当旋涡本身的泄放频率同结构的自振频率接近时，升力 F_L（或 C_L）和曳力 F_D（或 C_D）都将比柱体固定不动时急剧增大，常可达柱体固定时的 4～5 倍。这时柱体将发生剧烈的振动。这种流固耦合振动的主要特征是：

(1)旋涡的强度明显增大，“涡街”的规律性很强。

(2)升力和曳力都明显增大。

(3)发生“频率锁定”现象。当旋涡泄放频率 f_S 接近结构的自振频率 f_n 时，结构的振动会驱使旋涡的泄放频率在一个较大的 S 范围内固定在结构的自振频率 f_n 附近，而不按其本身的泄放频率 f_S 泄放，好像被锁定在结构的自振频率上，如图 7-24 所示。

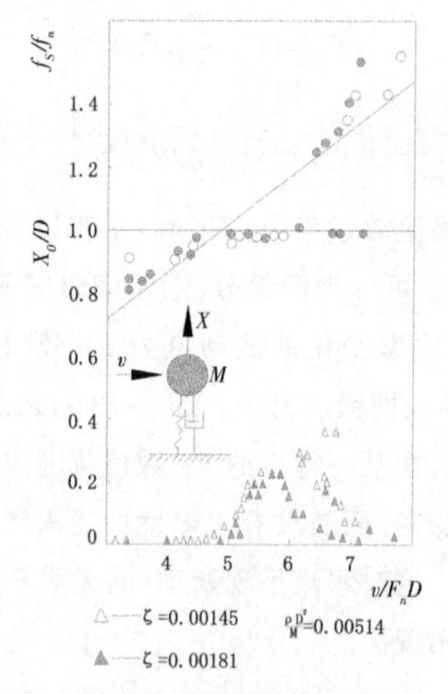

图 7-24　频率锁定现象

(4)失谐现象。由图 7-24 的下半部可见，因为动力耦合过程的非线性影响，最大稳态振幅 X_0 并不发生在 f_S 与 f_n 相等处，而发生在频率锁定段的中部。

为进行上述旋涡泄放中流固耦合的理论分析，最理想的方法是通过对流场的分析，求出作用在柱体表面的流体力，并进而解析求得在旋涡引起的振动过程中包括耦合振动过程中结构的位移及相应的力函数。但目前这一问题尚未得到严格的数学解。

下面各节将分别介绍目前工程中采用的实用分析法和求解横向振动的两种近似的数学模型——升力振子模型和升力相关模型。

7.3.3 涡激振动的工程实用分析法

目前工程中分析旋涡引起的结构振动时，常采用简化的方法。基本的做法是：根据典型情况下的实验数据，通过对实际结构和流体基本参数的计算，判断发生涡旋引起振动的可能性。这些无因次的基本参数为：

(1)质量参数 $\bar{m}/\rho D^2$，其中 ρ 为流体密度，D 为圆柱直径，$\bar{m}$ 称为有效质量(单位长度上)。为确定 $\bar{m}$ ，将实际结构转化为一个等效柱体，后者具有实际结构相同的受流体作用的面积、模态和频率，其高度等于水深，如图 7-25 所示。使这个等效柱体的总动能同实际结构的总动能相等，可以由下式确定有效质量：

$$\bar{m}=\frac{\int_0^{L'} m(z)\ [y(z)]^2 \mathrm{d}z}{\int_0^{d} [y(z)]^2 \mathrm{d}z} \tag{7-6}$$

式中，$m(z)$ ——实际结构沿高度 z 的单位长度质量分布；

$y(z)$ ——实际结构的模态函数；

L' 和 d ——实际结构的高度和水深。

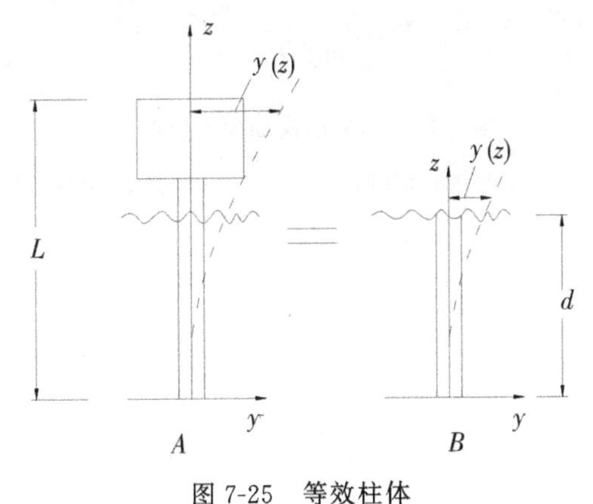

图 7-25 等效柱体

(2)约化速度 v/f_nD 。共振条件($f_n=f_s$)下，约化速度就是 Strouhal 数 S 的倒数。

(3)约化阻尼系数 $2\bar{m}\delta/\rho D^2$，式中的 δ 为阻尼对数衰减率，$\delta=2\pi\zeta=2\pi C/C_c$ ；ζ，C，C_c 分别为阻尼比、阻尼系数和临界阻尼系数，$C_c=2\sqrt{\bar{m}K}$ ，K 为结构的刚度。约化

阻尼是有因次的阻尼系数 C 通过 $\rho f_n D^2$ 而标准化了的，因 $C = 2\bar{m} f_n \delta$，故 $C/\rho f_n D^2 = 2\bar{m}\delta/\rho D^2$。

对于顺流向振动(或称线内振动)，目前仅有圆柱体的较为系统的实验数据可供引用，如图 7-26 所示。图 7-26(a)中的两个顺流向振幅的峰值各自对应的尾流流态是不同的：$v/f_n D=1.9$ 的峰值伴随的是两侧旋涡对称(同时)泄放，而 $v/f_n D=2.6$ 的峰值则发生在两侧旋涡交替泄放的情况，后者振幅较小。这两个峰值表现了在流速增加的过程中存在的两个流固耦合的不稳定区。但只要约化阻尼足够大时，这两个顺流向的耦合振动可以得到完全的抑制。图 7-26(b)是以约化速度($v/f_n D$)和约化阻尼($2\bar{m}\delta/\rho D^2$)分别作为纵横坐标的稳定曲线。可以认为，当满足以下条件：

$$2\bar{m}\delta/\rho D^2 > 1.8 \tag{7-7}$$

时，即可保证不发生前两阶模态的顺流向的振动。图 7-27 给出的是两个不稳定区的约化振幅 Y_0/D 同约化阻尼($2\bar{m}\delta/\rho D^2$)的关系，其中的振幅 Y_0 是指前两阶模态振幅中的最大值。

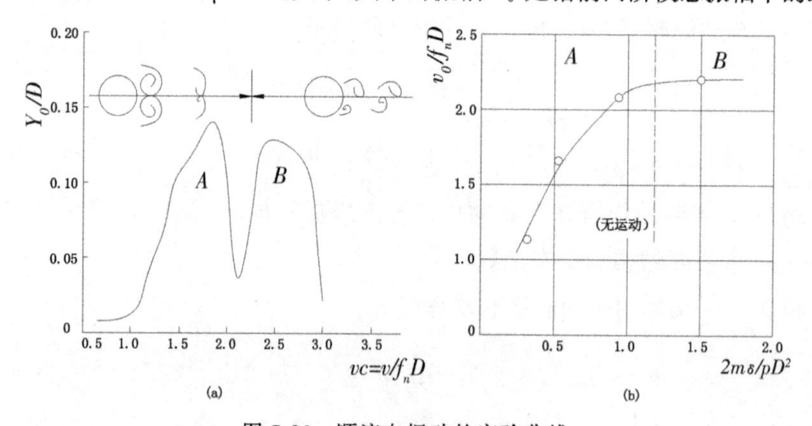

图 7-26 顺流向振动的实验曲线

(a)约化振幅与约化速度曲线 (b)约化速度与约化阻尼曲线

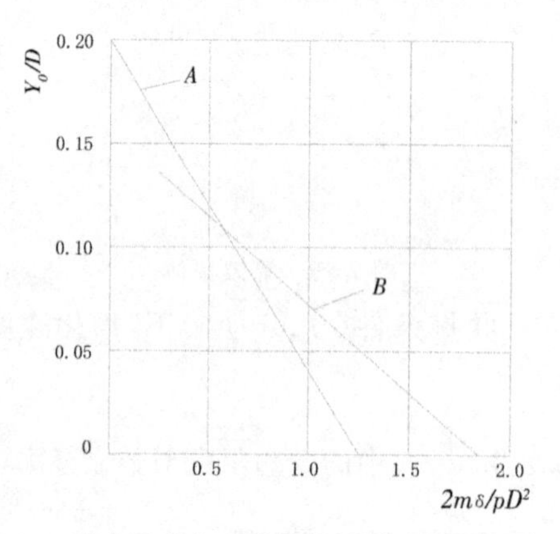

图 7-27 两个不稳定区约化振幅同约化阻尼的关系

对于垂直流向(横向)振动,结构为圆柱体的情况,当满足以下条件时:

$$2\bar{m}\delta/\rho D^2 > 10 \tag{7-8}$$

耦合振动即可得到抑制。横向振动的约化振幅与约化阻尼关系曲线如图 7-28 所示。

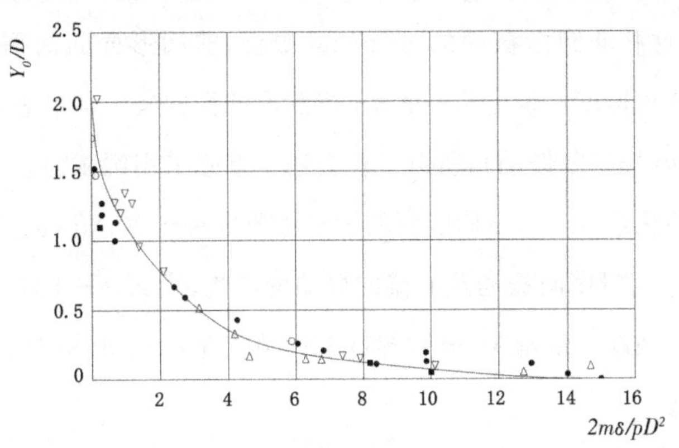

图 7-28 横向振动的约化振幅与约化阻尼关系曲线

由以上可见,顺流向的共振临界约化流速低于横流向的共振临界约化流速,但前者的振幅远小于后者。

从工程设计角度,首先应注意对振动影响较重要而实际变化又较复杂的流速 υ 的选取。在流速的时间分布上,由于旋涡引起的振动所需要的激发时间仅相当于 10~15 个振动周期,所以设计中可以采用连续 10 个周期平均流速的最大值作为设计依据。在流速的空间分布上,应考虑主要模态最大振幅处的流速,例如在悬臂梁的基本模态中,接近于流体表面处的流速。在设计中可以采用该处振幅超过其最大值的 90%时相应全高度上的平均流速。

7.3.4 防止和抑制涡激振动的方法

为防止或抑制涡激振动,可以采用两类方法:①通过调整结构本身的动力特性,以减小其在涡旋作用下的响应;②通过干涉和改变漩涡发生的条件和尾流流态,以达到减弱流体所产生的振荡力的目的。

(1)第一类方法是在结构设计中遵循一定的准则,着眼于控制两个参数:约化速度 $\upsilon_r=\upsilon/f_nD$ 和稳定性参数 $K_s=2\bar{m}\delta/\rho D^2$。在设计中使 υ_r 和 K_s 均保持在规定的范围内。如前所述,当约化流速 $\upsilon_r=5$ 时,υ_r 也就是在 $f_s=f_n$ 条件下 Strouhal 数 S 的倒数。一般以此作为(圆柱体)旋涡产生共振响应的控制条件。对于一定的结构条件(f_n 及 D 已定时),当实际的流速 υ 使约化速度 υ_r 接近于 5 时,这时的 υ 称为临界流速。结构的刚度越高(即 f_n 越大),直径 D 越大时,其相应的临界流速也越高。所以,从设计角度,应当合理提高临界流速,以避免发生涡激振动,为此,可以提高结构的刚度或直径。此外,如果改变截面形状(如采用方形、矩形、三角形和D形等),也可以在一定程度上提高临界流速,因为这些非圆形截面的Strouhal数低,非圆形截面的临界约化速度高于圆形截面的临界约化速度。但是另一方面,非圆形截面的曳力却显著增大,而且还会产生其他形式的振动(如超驰振动),所以工程上还是首先采用圆截面。

对于一定的约化速度 v_r,结构响应的大小主要取决于 K_s 值,也就是取决于结构的能量吸收能力。K_s 值对横向振动及顺流向振动的影响,当 $K_s \to 0$ 时,顺流向振幅为0.2 D,而横向振幅约为 $2D$。而当 K_s 分别超过1.2(顺流向)或1.8(横向)时,两个方向的涡激振动都将被抑制。

为了加大 K_s,当然首先可以加大质量 $\bar{m}$,但这样却会使结构的自振频率降低,因而使临界流速降低。因此这并不是在一般情况下都适用的方法。另一方法是加大系统的阻尼。例如图7-29为一种外部阻尼器,采用悬链外加橡胶套筒。链重约相当于结构重量的5%左右。通过结构振动时它的拍击作用可以加大阻尼近3倍。

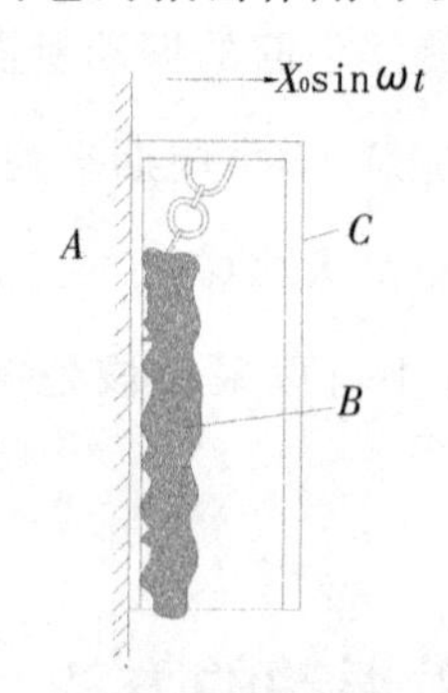

图7-29 外部阻尼器

(2)第二类方法是流体力学方法,即阻止旋涡的形成和强化。可以采用不同形式的、设在结构表面及尾流范围内的扰流装置,以改变分离点的位置,破坏旋涡形成所必需的长度、位置及其相互作用,从而防止旋涡的形成和泄放、抑制结构的振动。目前,这种抑制装置已有许多型式,其中常见的有螺旋导板[见图7-30(a)]、透空套筒以及附在结构尾部的塑料飘带[见图7-30(b)]等。这样的做法自然会使阻力有所增大。

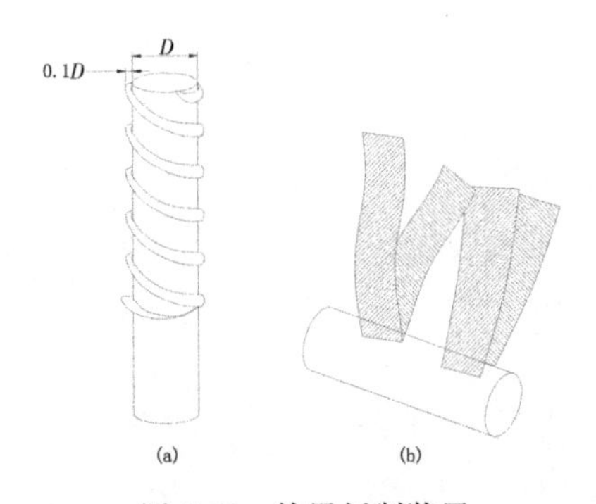

图 7-30 旋涡抵制装置

(a)螺旋导板 (b)附在结构尾部的塑料飘带

7.3.5 跳跃振动

跳跃振动(超驰振动)是结构在稳定流场中产生的一种与来流向垂直的横向自激振动。在一定来流的速度和方向下,某些具有非流线型或非对称截面(矩形、D 形、六角形和三角形)的结构,都可能发生这种跳跃振动。跳跃振动具有很大的振幅,一般认为是一种单一振型的振动(这一点同机翼的“颤振”不同,后者为多个振型的耦合振动)。跳跃振动一般当约化速度超过激振动的临界值以后才会发生。

跳跃振动是一种自激振动,流体的运动产生了沿物体运动方向的力。这时,流体对物体做功,当此外力超过系统的能量耗散时,即会产生动力失稳。于是振动一经诱发,就发展成为大振幅的振动。或者说,当升力的作用方向与结构的运动方向一致时,就不断地从流体获得能量,振幅逐渐增大。这一过程一直延续到阻尼出现非线性效应或其他非线性效应时为止,甚至直到结构的破坏。升力变化的频率同结构的自振频率相同,这一频率一般比 Strouhal 频率 f_s 低很多,其约化速度 v_r 超过 10。

圆形截面的结构不会发生跳跃振动,因为对圆形截面,如果没有旋涡发生,就不会产生升力。作用在圆柱体上的流体(曳力)与来流方向一致。当圆柱作垂直于水流方向的振动时,液体的作用力与相对流速方向一致,其在结构振动方向上的分力与结构运动方向相反,这是一种正阻尼,不会产生自激振动。

1.发生跳跃振动的条件判别标准

二元流作用下的单自由度振动模型如图 7-31 所示。结构的剖面为任意形状,流场是稳定的。

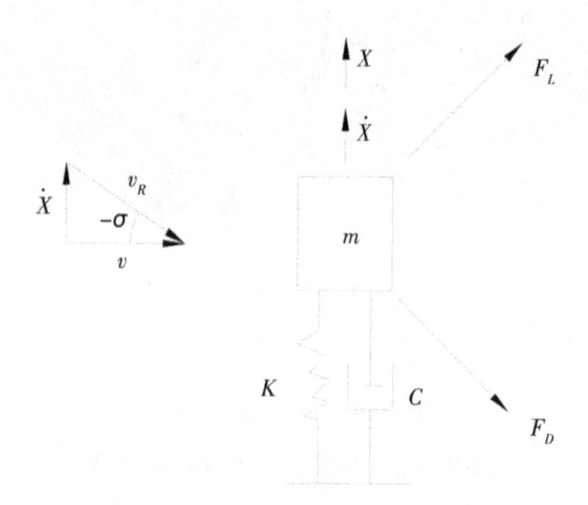

图 7-31　二元流作用下的单自由度振动模型

设流速为 v，结构横向振动为 $\dot{x}$，相对流速为

$$v_R + v = \dot{x} \tag{7-9}$$

这相对于结构不动而来流有一冲角的情况，对于微幅振动，

$$\alpha = -\arctan \frac{\dot{x}}{v}$$

而相对速度

$$v_R = v\sec\alpha \text{ 或 } v_R^2 = v^2 + \dot{x}^2 \tag{7-10}$$

结构单位长度所受的曳力 F_D 和升力 F_L 为：

$$F_D = \frac{1}{2}\rho v_R^2 D \bar{C}_D(\alpha) \tag{7-11}$$

$$F_L = \frac{1}{2}\rho v_R^2 D \bar{C}_L(\alpha) \tag{7-12}$$

式中，D ——垂直于来流（v）方向的结构剖面的宽度；

$\bar{C}_D(\alpha)$ 和 $\bar{C}_L(\alpha)$ ——分别为平均阻力系数和平均升力系数，即不计旋涡等所引起的高频成分时的准静力的曳力和升力系数，它们是冲角 α 函数，即取决于 $\dot{x}/v_0$ 曳力和升力在垂直方向（x 方向）的分量为：

$$F_{(x)}(\alpha) = F_D \sin\alpha + F_L \cos\alpha \tag{7-13}$$

或

$$F_{(x)}(\alpha) = \frac{1}{2}\rho v^2 D C_x(\alpha) \tag{7-14}$$

其中

$$C_x(\alpha) = [\bar{C}_L(\alpha) + \bar{C}_D(\alpha)\tan\alpha]\sec\alpha \tag{7-15}$$

故此单自由度的振动方程为：

$$\ddot{x} + 2\xi\omega_n\dot{x} + \omega_n^2 x = F_x(\dot{x}/v)\bar{m} \tag{7-16}$$

式中，ω_n ——结构的自振频率；

$\bar{m}$ ——等效单位长度质量。

判断是否会发生跳跃振动(自激振动)的办法是：在平衡点处，例如在 $\alpha=0$ 即 $\dot{x}=0$ 处，给系统一微小的初始偏离，看它是否是动力稳定的。如振动逐渐减小，又回到平衡点位置，则系统是动力稳定的，不会产生跳跃振动；如振动逐渐加强，即是动力不稳定的，会出现严重的自激振动，即跳跃振动。

为此，将 $F_{(x)}(\alpha)=\frac{1}{2}\rho v^2 DC_x(\alpha)$ 中的流体力系数 $C_x(\alpha)$ 在平衡点 $\alpha=0$ 处展开：

$$C_x(\alpha)=C_x(0)+C_x'(0)\alpha+0(\alpha^2) \tag{7-17}$$

由于这里取冲角 α 为小量，$\alpha\approx\frac{\dot{x}}{v}$，故上式中的 α 的高阶项(α^2 以上的项)可以不计。又 $C_x(0)$ 也是同 α 无关的常值力，在讨论振动问题时也可以不考虑。由式(7-15)可知

$$C_x'(0)=[\bar{C}_L'(0)+\bar{C}_D'(0)] \tag{7-18}$$

故

$$C_x(0)\approx-[\bar{C}_L'(0)+\bar{C}_D(0)]\cdot\frac{\dot{x}}{v} \tag{7-19}$$

于是振动方程式(7-16)可写成

$$\ddot{x}+2\xi_t\omega_n\dot{x}+\omega_n^2 x=0 \tag{7-20}$$

式中

$$\xi_t=\xi+\frac{\rho v}{4\bar{m}\omega_n}[\bar{C}_L'(0)+\bar{C}_D(0)]=0 \tag{7-21}$$

ξ_t 称为净阻尼比。如 $\xi_t>0$，说明系统是稳定的，此时的振动相当于有阻尼的衰减振动。如 $\xi_t<0$，则说明系统是动力不稳定的。这一负阻尼的作用是积累振动能量，从而导致大振幅的跳跃振动。$\xi_t=0$ 是一种临界状态，可以用来判断发生跳跃振动的标准和界限。

$$\xi+\frac{\rho v D}{4\bar{m}\omega_n}[\bar{C}_L'(0)+\bar{C}_D(0)]=0 \tag{7-22}$$

由于 ξ 和 $\rho v D/4\bar{m}\omega_n$ 均为正值，故只要 $[\bar{C}_L'(0)+\bar{C}_D(0)]>0$，则 $\xi_t>0$，即系统是稳定的。所以，系统发生跳跃振动的必要条件是：

$$C_x'(0)=[\bar{C}_L'(0)+\bar{C}_D(0)]<0 \tag{7-23}$$

上式称为 **Deu Hartog 准则**。这仅是必要条件，充分条件则是 $\xi_t<0$。

表 7-2，给出了若干种剖面的 $C_x'(0)$ 值。

表 7-2　不同剖面的 $C_x'(0)$ 值(流向为自左向右)

剖面形状	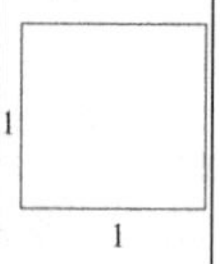 1, 1	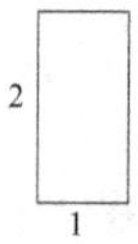 2, 1	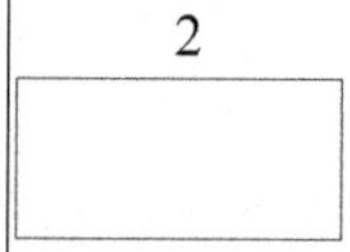 2, 1	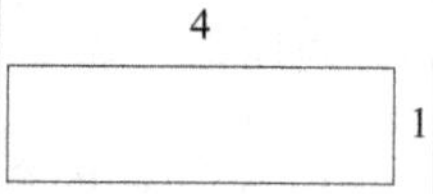 4, 1	 1	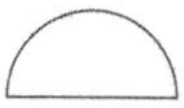	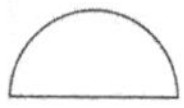
$C_x'(0)$	−2.7	0	−3.0	10.0	0	0.5	−0.66
Re	66000	66000	33000	2000～20000	66000	51000	75000

2.跳跃振动的稳态解

在上节中，假定冲角 α 为小量，$C_x(\alpha)$ 与 α 成正比，即流体和结构两者都是线性的。当来流流速超过一定界限以后，净阻尼 ξ_t 成负值，振幅逐渐增大，即形成跳跃振动。实际上当振动增至一定程度以后，流体力不会继续与 α 正比地增大。这时 $C_x(\alpha)$ 中非线性项将起作用使流体力的增大受到限制。与此同时，结构系统的非线性也将起限制振幅增大的作用。因此，可以求得在实际上存在的稳态解。这里讨论的是考虑非线性的流体力，而结构则认为是线性的。对于单自由度横向振动系统，振动方程为：

$$\ddot{x}+2\xi_t\omega_n\dot{x}+\omega_n^2x=\frac{\rho v^2 D}{2\bar{m}}\left(a_1\frac{\dot{x}}{v}+a_2\frac{\dot{x}^2}{v^2}+a_3\frac{\dot{x}^3}{v^3}+\cdots\right) \tag{7-24}$$

其中 $a_1, a_2, a_3\cdots$ 为 $C_x(\alpha)$ 的展开系数，如 $a_1=-C_x'(\alpha)$ 。上式是一个非线性(阻尼非线性)方程，还可写成

$$\ddot{x}+\varphi(\dot{x})+\omega_n^2x=0 \tag{7-25}$$

如在 $\varphi(\dot{x})$ 非线性函数中，仅保留 $\dot{x}$ 和 $\dot{x}^3$ 的项，则上式就是 Van der Pol 方程。为求上式的稳态解，可以用慢变参数法。设稳态解为：

$$x(t)=x_0(t)\sin[\omega_n t+\varphi(t)] \tag{7-26}$$

其中，$x_0(t)$ (振幅)，$\varphi(t)$ (相位)为慢变函数。如在 $\varphi(\dot{x})$ 中仅保留 $\dot{x}$ 和 $\dot{x}^3$ 两项时，

可得到其稳态解的振幅为

$$\underline{x}_0=\left[\frac{-(\underline{\upsilon}a_1-l)\times 4\underline{\upsilon}}{3a_3}\right]^{1/2} \tag{7-27}$$

其中

$$\underline{\upsilon}=\frac{\upsilon}{f_nD}\,\frac{\rho D^2}{4\bar{m}2\pi\xi}=\frac{\upsilon}{f_nD}\,\frac{1}{2K_s} \tag{7-28}$$

式中 K_s 就是稳定性参数，或称约化阻尼

$$K_s=\frac{2\bar{m}\delta}{\rho D^2}$$

$\underline{x}_0$ 的定义为

$$\underline{x}_0=\frac{x_0}{D}\cdot\frac{\rho D^2}{4\bar{m}\xi}=\frac{x_0}{D}\cdot\frac{a\pi}{K_s} \tag{7-29}$$

对于三种不同矩形截面的结构，其 $C_x(\alpha)$ 曲线和 $x_0\sim\upsilon$ 曲线如图 7-32 所示。

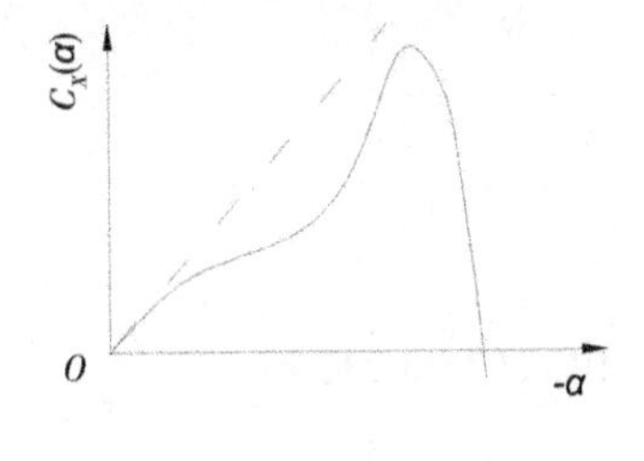

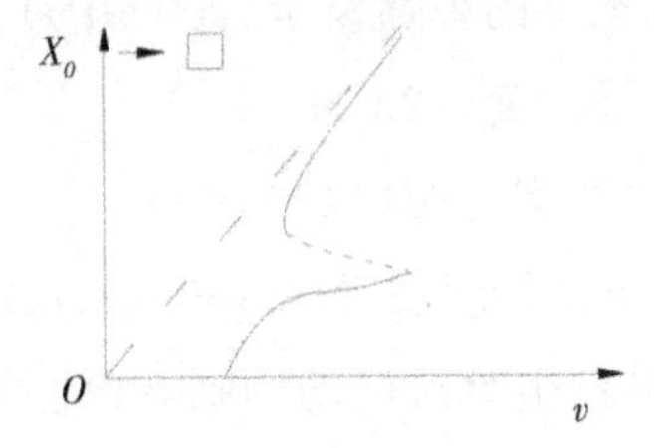

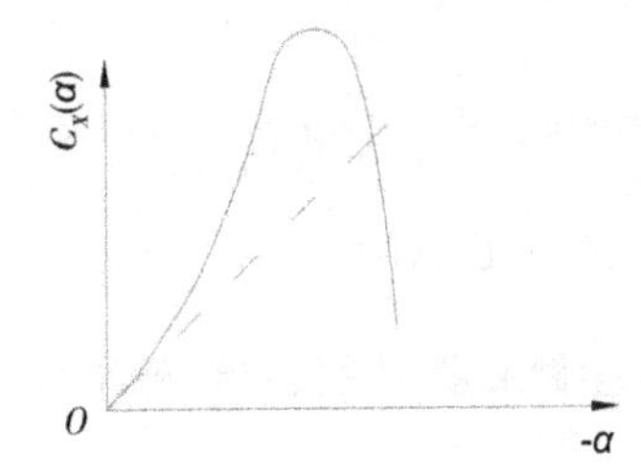

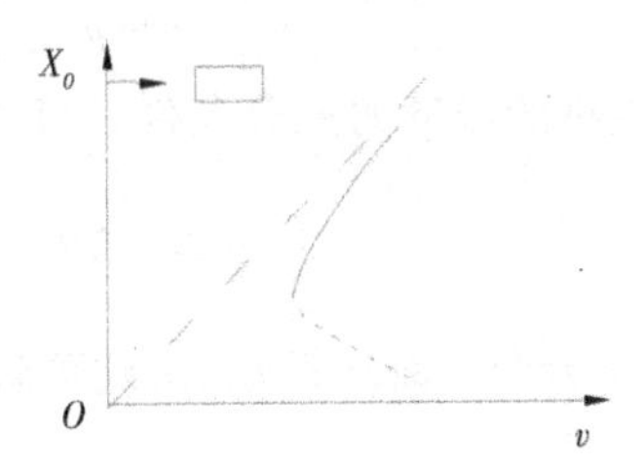

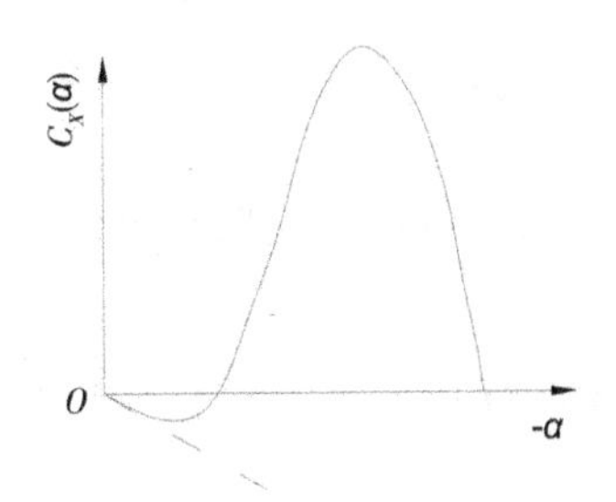

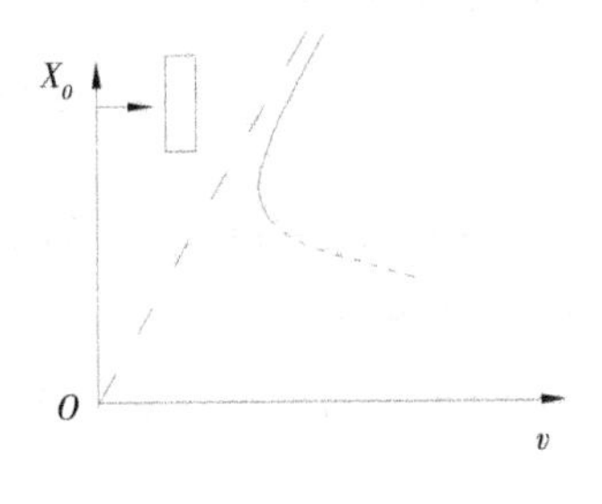

图 7-32　不同矩形截面结构的 $C_x(\alpha)$ 曲线和 $x_0\sim\upsilon$ 曲线

3.简支梁的跳跃振动

举例有一个两端简支的正方形截面的钢质薄壁梁，如图 7-33 所示。要求计算当横向风速 $v=44.5\text{m/s}$ 时梁的横向振动。

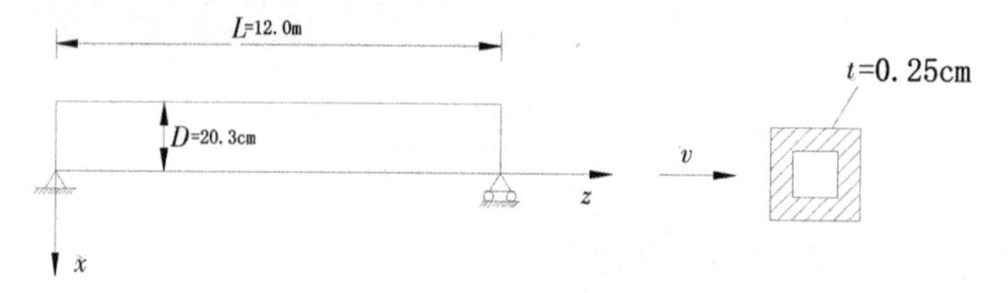

图 7-33　简支梁模型

现仅考虑横向弯曲振动。因为跳跃振动产生于低频，可认为第一振型起主要作用，并可按单自由度系统分析。已知其阻尼比 $\xi=0.01$。

简支梁第一自振频率为：

$$f=\frac{\pi}{2L^2}\left(\frac{EI}{\bar{\text{m}}}\right)^{\frac{1}{2}}=4.38\text{H}_\text{Z}$$

式中，E ——钢材的弹性模量(200 GPa)；

L ——梁跨度(12m)；

I——截面惯性矩(1420m^4)；

$\bar{\text{m}}$——单位长度质量(0.165kg/cm)。

首先计算产生跳跃振动的临界速度 $v_{\min}$。由式(7-20)可知

$$\xi>\frac{pvD}{4\overline{m}\omega_n}[\overline{C'}_L(0)+\overline{C}_D(0)] \tag{7-30}$$

为保证不发生跳跃振动的充分条件。考虑约化阻尼 $K_s=2\overline{m}\delta/\rho D^2$，可知当

$$\frac{v}{f_nD}\geqslant-2K_s/[\overline{C'}_L(0)+\overline{C}_D(0)] \tag{7-31}$$

时，$\xi_t\leqslant0$，即将会产生跳跃振动，由此可解定发生跳跃振动的临界(最小)流速为：

$$v_{\min}=-\frac{2K_s}{C'_x(0)}\cdot f_nD \tag{7-32}$$

已知正方形截面的$\overline{C'}_L(0)=-2.7$，空气密度 $\rho=1.23\text{kg/m}^3$，$\xi=0.01$，故

$$2K_s=\frac{4m(2\pi\xi)}{\rho D^2}=83.6$$

故由式(7-32)得：$v_{\min}=28\text{m/s}$。而 $v=44.5\text{m/s}$，故将发生跳跃振动。

设梁的挠曲线方程为：

$$x(z,t)=\Phi(z)x(t)$$

其中

$$\Phi(z)=\sin\frac{\pi z}{L}$$

则梁的振动方程可简化成以下单自由度系统的振动方程：

$$m=\int_0^L \Phi^2 dz(\ddot{x}+2\xi\lambda\dot{x}+\lambda^2 x)=\int_0^L \frac{1}{2}\rho v^2 DC_x\left[\frac{\dot{x}(z,t)}{v}\right]\Phi(z)\mathrm{d}z$$

其中

$$C_x\left[\frac{\dot{x}(z,t)}{v}\right]=a_1\Phi(z)\frac{\dot{x}}{v}+a_3\Phi^3(z)\frac{\dot{x}^3}{v^3}+\cdots$$

故有

$$\ddot{x}+2\xi\lambda\dot{x}+\lambda^2 x=\frac{\frac{1}{2}\rho v^2 D}{m}\left[a'_1\frac{\dot{x}}{v}+a'_3\frac{\dot{x}^3}{v^3}+\cdots\right]$$

式中

$$a'_1\frac{\int_0^L\Phi^2(z)\mathrm{d}z}{\int_0^L\Phi^2(z)\mathrm{d}z}\cdot a_1=a_1$$

$$a'_3\frac{\int_0^L\Phi^2(z)\mathrm{d}z}{\int_0^L\Phi^2(z)\mathrm{d}z}\cdot a_3=0.75a_3$$

如方程只保留到$\dot{\omega}/v$的三次方项，则可直接用式(7-27)的稳态解得：

$$x_0=[-(va'_1-1)4v/3a'_3]^{1/2}=\left[\frac{-(va_1-1)\cdot 1.78v^{1/2}}{a_3}\right]$$

不难看出，按上式对正弦模态$\Phi(z)=\sin\frac{\pi z}{L}$求得的振幅要比对平移模态$\Phi(z)=1$求得的大15%左右。

对于正方形剖面，$a=2.7$，$a_3=-31$。在$v=44.5\mathrm{m/s}$时，$v=[v/(fD)]\cdot 1/(2K_s)=0.60$，故得$x_0=0.18$，由式(7-28)可求得：

$$x_0=\frac{K_s}{\pi}x_0 D=2.4D=49\mathrm{cm}$$

显然这样大的振幅将会造成梁的破坏。

4.减小跳跃振动的方法

利用前述的Deu Harog稳定性准则，可以使结构不进入动力不稳定区，从而防止跳跃振动发生。为此可以采用以下措施：

(1)改善结构的外形或其与来流间的方向角，使$C'_x(0)$不小于零。

(2)提高发生跳跃振动的临界速度$v_{\min}$，由于

$$v_{\min}=\frac{4mf_n 2\pi\xi}{\rho D^2}\cdot\frac{1}{C'_x(0)}$$

故可①提高结构固有频率f_n；②提高质量$\overline{m}$，但为使f_n不降低，必须同时提高刚度；③增大阻尼。

(3)减小来流速度 v,使之小于 v_{min}。

7.3.6 立管的涡激振动

一般讨论涡激振动都是针对均匀流中的管道,但在实际海洋环境下,尤其对海洋立管来说,水流流速沿管道往往是变化的,因而其旋涡脱落频率沿管线的轴向也是变化的。

对于切变流的实验结果表明,尽管水流速度沿圆柱体轴线连续变化,但旋涡是以单元形式脱落的。泄放频率从一个单元到另一个单元是跳跃式变化的。因此,管子可以被分成若干个单元。在每个单元上,旋涡脱落频率是常数,并且锁定在结构的一个固有频率上。对管子的每一个振型都有一个锁定区,称为主动单元,结构通过这个单元而获得能量,其余单元被称为被动单元,在这些单元上,结构的能量要被流体阻尼所耗尽。旋涡沿立管脱落的情况如图 7-34 所示。

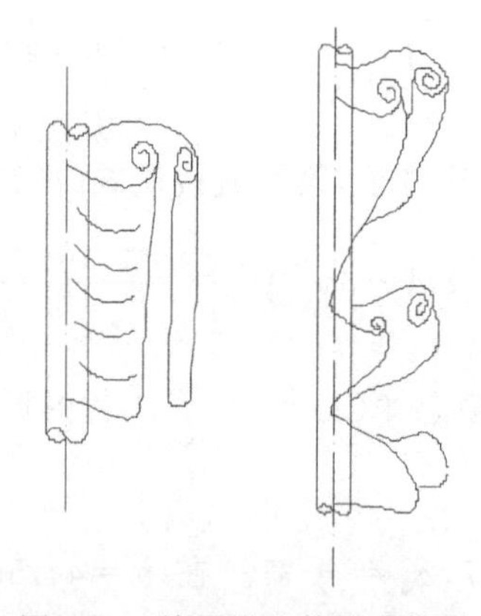

图 7-34 旋涡沿立管脱落情况

1.立管涡激振动的引发因素

在一定的环境条件下,对于一个直立在水中的物体,如果流经它的流体释放旋涡的频率等于或接近物体的固有频率,那么就一定会发生涡激振动现象。

基于以下因素,深水立管更容易发生涡激振动。

(1)相比于浅水区域,深水区的海流流速要大得多。

(2)随着管体长度的增加,立管的固有频率降低。这样,较小量级的海流作用就可能引发立管的涡激振动。

(3)不同于浅水平台,深水平台通常都是浮式结构,如半潜平台、TLP 平台、Spar 平台和 FPSO 等,在水下没有邻近的结构可以安装立管夹子,无法用立管夹子限制立管的移动。

立管涡激振动的响应幅值和频率取决于以下几个基本的参数:

(1)海流特征。

(2)由涡激振动产生的立管横向升力频率和幅值。

(3)升力和涡激释放的激发长度和相关长度。

(4)水动力阻尼。

(5)立管的结构特性,如阻尼、质量、张力、弯曲刚度和截面形状等。

对于深水立管,相比于其他因素,海流对涡激振动的影响是最大的。

2.深水立管的涡激振动特点

对于处于海洋中的立管而言,其振动可分为顺流向的纵向振动(in-line)和垂直于流向的横向振动(cross-flow)。研究表明,当涡激释放频率接近于结构的某一特征模态时,立管系统会就这一模态发生“锁定”现象,立管会在各个方向上发生振动,但横向振动的响应幅值比纵向振动的响应幅值大得多,如图 7-35 所示。

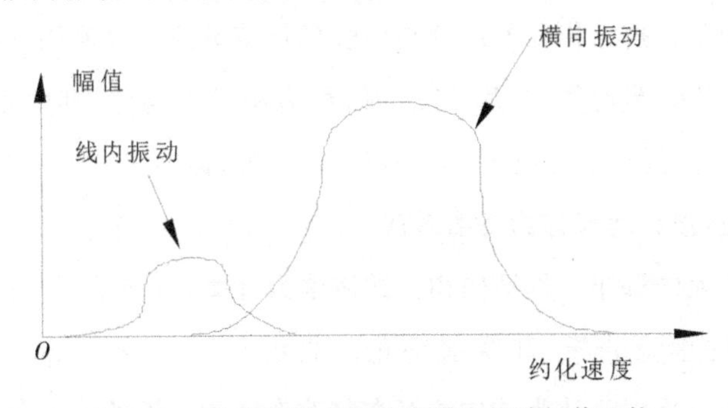

图 7-35 典型的线内振动和横向振动幅值比较

对于一个处于海洋中的立管,由升力引起的横向变形比纵向变形小,但是相对于动力载荷部分的横向振动幅值要远远大于纵向振动的幅度。

基于以上的分析,为了简化计算和工程应用,现行的设计规范和标准大多把精力集中在立管的横向振动上。但严格说来,一个理想的数学模型需要在每个时间步内兼顾立管的横向振动和纵向振动。

现行的大多数方法之所以不考虑立管的纵向振动,主要原因除了上面所提到的鉴于振动量级而简化计算外,还有一个原因就是缺乏纵向振动的实验数据。然而,近年来的一些研究表明,在一定条件下,纵向振动响应同样具有工程意义。譬如,纵向振动对立管的破坏不可以忽略。通过实验得出结论:在低雷诺数情况下,模态由张力控制;高雷诺数情况下,模态由弯矩控制。

3.海洋立管上的波流耦合作用力的计算

作用在近海结构上的波浪力计算是结构设计中最基本的任务,同时也是最困难的任务之一,所以一直以来都是海洋工程领域研究的重点。

确定作用于海洋工程结构物上的波浪载荷,可以采用两种不同的方法。

(1)设计波法,它是确定性方法,即用一给定周期和波高的波浪来代表一定环境条件下出现的最大波，再根据一种恰当的波浪理论来描述波浪的响应特征，如波浪的剖面、水质点的速度和加速度等，利用一般流体力学的方法计算波浪力。设计波法是根据理想化的规则波来计算波浪力，它虽不能完全反映不规则波对海洋结构物的作用，但计算方法简捷，使用方便，使用面广，常为海洋工程设计所采用，也是海上平台规范中规定的波浪力的计算方法之一。

(2)设计谱法，是一种随机分析方法或概率方法，它是建立在海况的统计特征上的，它将实际海面上不规则的波浪认为是有许多具有随机相位的规则波叠加而成，各个规则波的能量在相应的波频上的分布就构成一个海浪谱。用此方法可以在某一置信度内得到结构的最大应力、位移等特征响应结果。

波浪力计算中常根据结构物的尺度与波长的比值分成小尺度构件波浪力计算和大尺度构件波浪力计算。当比值 $D/L \leqslant 0.2$ 时，称为小尺度物体，其中 D 是物体的特征长度，对圆柱体 D 为直径，L 为波长；当 $D/L > 0.2$ 时，称为大尺度物体，它必须考虑物体的自由表面效应，被合起来称为绕射效应。

对于相对尺度大的海洋工程结构物上的波浪力计算，目前采用两种方法进行分析。①考虑绕射效应的理论分析，即绕射理论。它由马哥卡姆(Mac Camy)和福克斯(Fuchs)等在 1954 年提出。认为结构的存在将改变结构附近的波浪场。②采用所谓弗如德-克雷洛夫(Froude-Krylov) 假定，利用入射波压力在结构表面受压面积上积分计算波浪力。

对于相对尺度较小的细长柱体的波浪力计算，在工程设计中仍广泛采用著名的 Morison 方程。这是 Morison 等人于 1950 年在模型试验的基础上经过大量计算提出的计算垂直于海底的刚性柱体上的波浪载荷公式。该理论假定柱体的存在对波浪运动无显著影响，认为波浪对柱体的作用主要是黏滞效应和附加质量效应。此公式主要把作用在垂直柱体上的力分成两项：一项是与流体加速度成正比的惯性力项；另一项是与流体速度平方成正比的拖曳力项。公式中的拖曳力项是含有速度二次方的非线性项，对于结构响应分析，特别是考虑流体与结构相互作用时的结构响应分析，会带来较大的困难。在一定条件下，往往有可能也有必要将这一非线性项线性化。随着不断的研究，将存在 Morison 方程的各种修正形式，推广应用于不同领域，包括倾斜结构和移动结构及浪流组合等。

应用 Morison 方程计算的波浪力，其关键在于选定一种适宜的波浪理论和相应的拖曳力系数和惯性力系数，其中流体质点的速度和加速度可采用不同的波浪理论。波浪理论就是用流体力学的基本规律揭示水波运动的内在本质，如波浪场中的水质点速度分布和压力分布等，为海洋结构物设计时研究作用在结构物上的波浪力、波浪引起的结构运动等提供理论基础。波浪理论也已得到广泛的研究，主要有线性理论和非线性理论，线性波浪理论(Airy 波)是假定波浪振幅足够小，这样就可以基本忽略非线性项而得到速度势的近似解。非线性波浪理论主要有 Stokes 波理论、椭圆余弦理论、驻波理论、流函数波理论等。现有的波浪力计算大多是采用线性波理论，其形式比较简单，使用方便。但线性波理论有其局限性，它只是在假设波幅足够小条件下的非线性波浪运动边值问题的第一次近似解，特别是在考虑海洋结构物的自存状态时，线性波浪理论通常是不适用的。所以近些年来对 Stokes 波浪理论的研究逐渐受到重视，它可更准确地描述实际波浪的运动。Stokes 首先采用摄动展开的办法来解决非线性边值问题，经大量学者持续的研究，形成现今称之为 Stokes 波理论的有限振幅波理论。Stokes 摄动展开是假定高阶解比低阶解小一个数量级，展开越高阶之和就越能接近波浪运动。但由于高阶推导过程相当烦琐，目前多采用 Stokes 三阶波或五阶波理论。

4.减小立管涡激振动的方法

为使立管避免受到涡激振动的破坏，在立管设计过程中往往在立管附近增加各种装置，如图 7-36 所示，以抑制立管的涡激振动。图 7-37 为螺纹状结构，起到抑制立管涡激振动的作用。

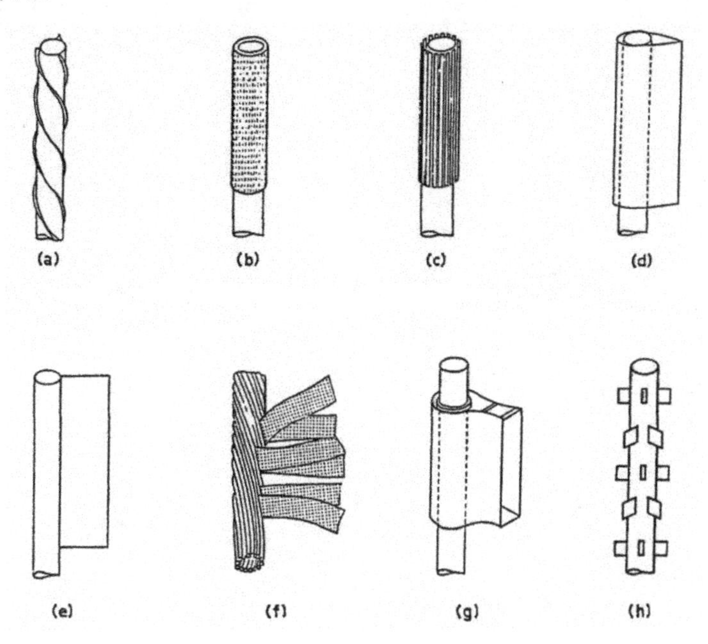

图 7-36　不同形式的立管涡激振动抑制装置

(a)螺旋状　(b)网状　(c)条状　(d)流线状　(e)单翼状　(f)多翼状　(g)箱状　(h)双向翼状

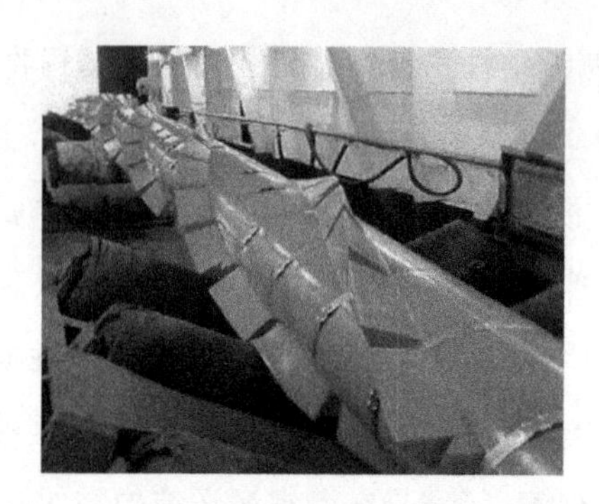

图 7-37　立管的螺旋形涡激振动抑制装置

思考题

(1)作用于立管的载荷有哪些？进行设计时应考虑哪些组合？

(2)深海立管与浅海立管的受力特点有哪些不同？

(3)如何减轻立管的涡激振动？

第8章 海底管道的检测、维修与防腐

8.1 海底管道的检测

8.1.1 管道外检测

海底管道外部检测主要目的是掌握管道外部状况和管道在海床上的状态，主要内容包括海底管道地貌状况、水深、海底管道埋深、路由、走向、管道周围的冲刷情况、有无裸露悬空、有无发生位移及外力破坏、外部防腐层状况、管道外壁及其损伤情况、土壤腐蚀状况等。外检测有两类方式：①工程物探方式，使用浅剖面仪、多波束水深测量系统、侧扫声呐系统及磁力探测等设备和方法进行常规海底管道外部检测。②潜水检测方式，由潜水员或ROV进行水下检测作业，主要方法包括水下目视检测、水下磁粉探伤、水下常规超声探伤和涡流探伤等。

8.1.2 管道内检测

由于海底管道大多采用多层设计，往往是问题比较严重时，才能从外部检测到问题。因此，为掌握内管的腐蚀与破坏情况，更需要从管道内部进行检测。海底管道内检测包含清管和智能检测两步，检测仪器包括各种功能的清管器和智能检测仪器。

1.清管

通常利用不同类型清管器(见图8-1)，按照先后顺序清理管道内壁。管道清理顺序一般为泡沫清管球(见图8-2)、带刷子的清管球、带刷子的钢质清管球和测量清管球等。检测前清管，可将附着在管内壁上的污垢、蜡状沉积物和水合物等清扫干净，使得检测传感器探头可以与管壁紧贴,以便获得真实数据。

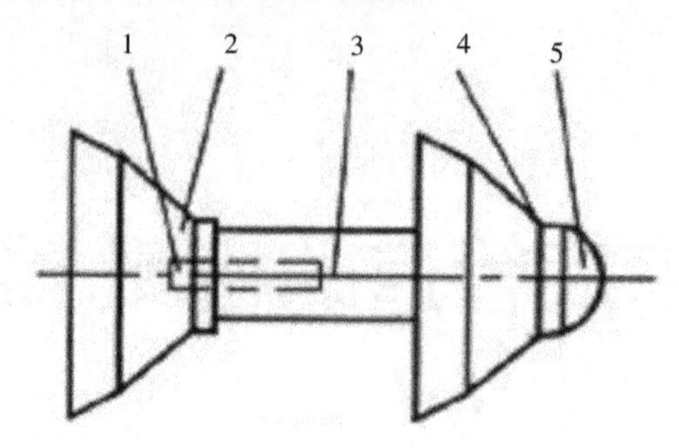

图 8-1　皮碗清管器结构

1—信号发射机；2—皮碗；3—骨架；4—压板；5—导向器

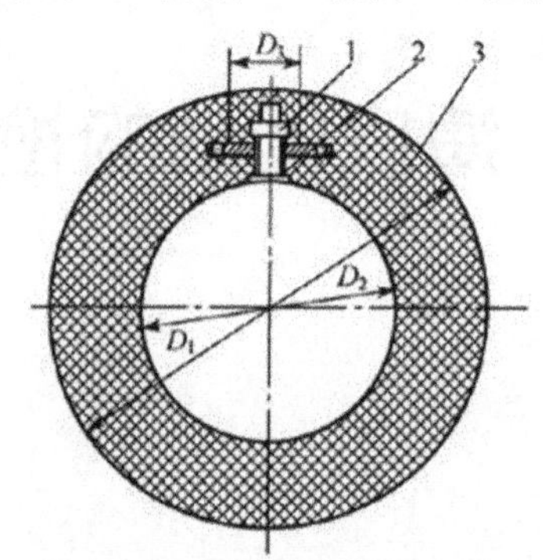

图 8-2　清管球结构图

1—气嘴；2—固定岛；3—橡胶球体

2.漏磁检测

1965年,美国Tuboscope公司采用漏磁检测器Linalog首次对管道进行了在线检测。经过近50年的发展,漏磁检测(Magnetic Fux Lakage)技术已经成为一种应用广泛、技术成熟的管道内检测技术,适用于多种流体介质(气体、液体及气液混输),检测口径范围为100～1400mm,国内自行研制生产的内检测器检测管径能达到273～720mm。对于铁等金属元素的缺失等常见的管道缺陷,漏磁检测有很好的检测效果,同时还能发现不影响管道正常运行的小缺陷(硬斑点、毛刺、结疤、夹杂物和各种其他异常和缺陷)。

漏磁检验通过检测从被磁化的管壁表面溢出的漏磁通,来判断缺陷的存在。当管道中无缺陷时,被检测管道管壁在外加磁场作用下,通过管壁的磁力线分布均匀且封闭于管壁内;当管壁存在缺陷时,磁通路变窄,经过缺陷的磁力线会在管道缺陷处发生弯曲变形,使得一部分磁力线泄漏出管壁表面。利用漏磁检测器的探头检测泄漏磁通,根据法拉第电磁感应定律,将电磁信号转化成感应电压(感应信号),通过对感应电压的处理及分析,可以判断出缺陷是否存在以及缺陷的大小及形状。漏磁检测的原理如图8-3所示。

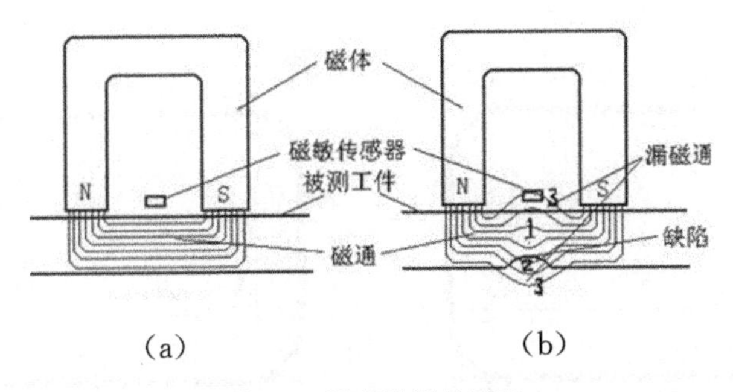

图 8-3　漏磁检测的原理

(a)无缺陷　(b)有缺陷

1—磁通；　2—缺陷；　3—漏磁通

漏磁检测对管壁腐蚀深度大于20%～30%的腐蚀状况最为敏感，对于浅、长且窄的金属损失缺陷，漏磁检测的效果不是很理想。此外，漏磁检测的精度也受多种因素影响，管线缺陷情况需要依靠数据分析人员的经验，通过对检测信号进行分析研究间接推断出来。

3.超声波检测技术

使用超声波检测技术(Ultrasonic Technology)对海底管道进行内检测时，主要利用在线智能检测器作为检测工具，智能检测器主要有检测、控制、驱动、数据采集与存储及电池五个部分组成。检测器向管壁定向发射超声波，通过测量探头和管道内外壁间的距离，检测出管壁的壁厚变化，进而检测出管壁缺陷。管道超声波检测可以直接、定量检测出管道缺陷，通过专业的分析软件对数据进行分析校核及成像，检测精度较高。在进行超声波检测时，位于管道爬行器或管道机器人上的超声波探头不断地向管道内壁发射超声脉冲波，当管壁内存在缺陷时，管道内外壁的反射波就会发生变化，利用发射波的时间差可以计算出管道壁厚，同时可以根据超声波探头至管道内表面的距离判断管道缺陷是在内壁还是外壁，如图 8-4 所示。

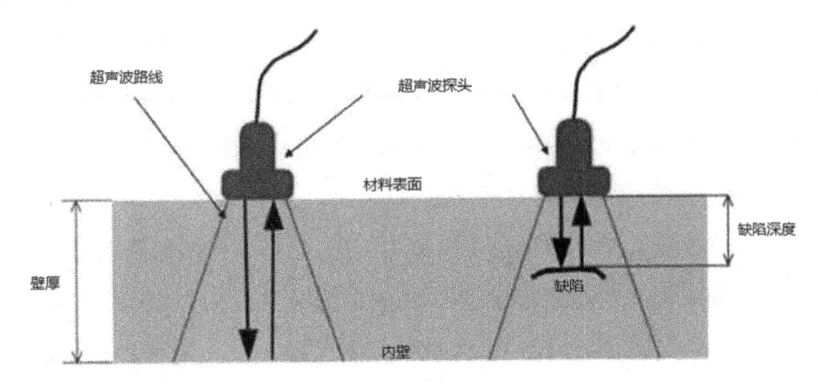

(a)

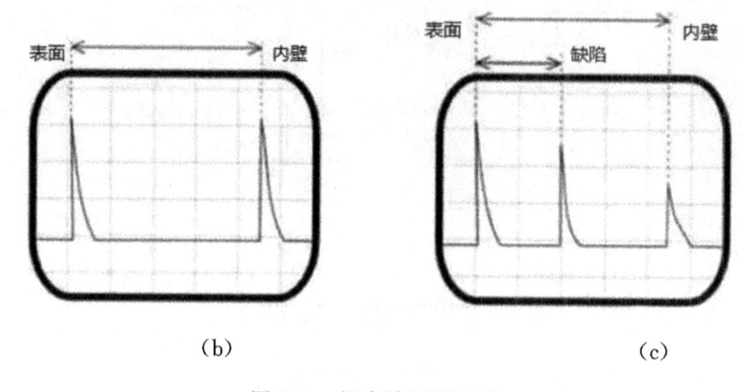

图 8-4　超声检测原理图

(a)超声检测基本原理　(b)无缺陷时的显示信号　(c) 缺陷时的显示信号

超声检测主要用于管道腐蚀缺陷及管道裂缝的检测，特别适于管壁腐蚀减薄状况及其他减薄状况的在役检测。由于受到超声波波长的限制，对薄壁管的检测精度较低。同时超声波检测对管内介质要求较高，超声波的传导信号很容易被蜡吸收，所以对于含蜡高的油管线，在超声波检测前必须进行彻底的清管作业。若油管内壁为不规则小缺陷时，容易造成误判。同时，对于不同的管道系统需要选取不同的超声波探头及合适的频率，有时还需要试验来确定。

(1)超声检测信号的特点。超声检测方法利用进入被检材料的超声波(频率大于20000Hz)对材料表面与内部缺陷进行检测。通常用以发现缺陷并对缺陷进行评估的主要信息有：来自材料内部各种不同不连续的反射信号的存在及幅度；入射信号与接收信号之间的声传播时间；声波通过材料以后能量的衰减。

超声检测方法的主要优点有：适用于金属、非金属和复合材料等多种材料制成的无损评价；穿透能力强，可对较大厚度范围的试件内部缺陷进行检测；灵敏度高，可检测材料内部尺寸很小的缺陷；可以仅需从一侧接近试件。

超声检测的主要局限性有：对位于表面和非常近表面的延伸方向平行于表面的缺陷常常难以检测；试件形状的复杂性(如小尺寸、不规则形状、粗糙表面和小曲率半径等)对超声检测的可实施性有较大的影响。材料的某些内部结构(如晶粒度、相组成、非均匀性和非致密性等)，会使小缺陷的检测灵敏度和信噪比变差；对材料中的缺陷作定性和定量表征，需要检测者有较丰富的经验。

超声检测仪器按照其指示的参量可以分为三类：①指示声的穿透能量，称为穿透式检测仪。②指示频率可变的超声连续波在试件中形成共振的情况，用于共振法测厚。③指示反射声波的幅度和传播时间，称为脉冲反射式检测仪。前两种仪器已很少使用了，目前应用最广泛的是脉冲反射式检测仪。

在超声检测过程中，超声检测信号存在数据量大和信号变化复杂等特点，从而使得检测信号的识别难度增大。同时由于材料和传播介质（如水和油等）的影响，以及超声探头由于结构尺寸不可能无限加密，故在超声检测中进行信息处理时要注意以下问题：

利用多组超声探头所测信号进行成像显示时，要考虑信号同步、检测装置的运动与姿态等。

信号相互叠加、相互干扰，虽然可以进行滤波，但滤出的波形会丢失一部分有用信息；可以用小波包的方法进一步分析信号的低频与高频成分，发现有用的信息。

现有的信号处理技术是基于傅里叶变换基础上的，它存在单一分辨率、易受噪声干扰和损失特征信息等缺点。对于多通道检测信号的处理，可以利用小波变换，将信号作为数字图像来进行二维小波分析。

(2)超声信号的数字信号处理方法。

①快速傅里叶变换（Fast Fourier Transform），将检测信号用傅里叶级数的形式展开，分成简单的谐波形式，这种方法常用于研究周期函数。它可以选择不同的窗口函数，将时域信号转换成频域内信号，从而更好地对信号进行分析。

②小波分析方法，由于小波变换有着多分辨率分析的特点，可以进行信号重构，在时域和频域的不同尺度上进行展开。利用它可以更容易地发现由缺陷所引起的信号奇异性，更好地发现缺陷的细节。对于局部微小的凹槽所引起的信号变化十分微弱，利用常规的信号处理方法难以识别。而利用小波变换，只要在传感器灵敏度范围内的缺陷，它所引起的信号变化特征就可以被发现。可见，利用小波分析方法，可以更充分地对检测信号进行分析，最大限度地利用检测信息，从而提高检测精度。

③递归哈特利（Hartley）数字滤波器，它是同时具有低通、带通和高通能力的唯一有效的数字预滤波结构。利用它可以同时对不同波段范围的信号进行研究，更快地分析信号的缺陷特征。

④相关法，它是基于反射信号（回波）作延迟估计的一种重要统计特征。

⑤希尔伯特（Hibert）变换，即对信号做傅里叶变换后，将负频率全部置零，然后再作傅里叶反变换。

(3)超声检测中缺陷的定量评定方法。

① 当量法。当量法是将所发现的缺陷与对比试块中一定规则形状的人工反射体在同样的探测条件下相比较，如果二者的埋藏深度相同，而所发现缺陷的反射波高与人工反射体的反射波高又相同，则该人工反射体的反射面尺寸即称为所发现缺陷的当量尺寸。当量法比较简单易行，是超声检测验收标准中的一个重要数据。

② 缺陷回波高度法。缺陷尺寸愈大，反射声压愈强，缺陷回波愈高。回波高度与

声压成正比。因此缺陷的大小可以用波高值来表示。常用的缺陷波高表示法有绝对值法和相对值法。绝对值法:在发现缺陷后稍微移动探头使回波达到最高,此时直接测量波峰至时间基线的垂直高度,即为缺陷回波高度的绝对值。相对值法:将缺陷波高的绝对值与荧光屏的垂直满刻度相比,得到的百分比为缺陷波高的相对值。

③底面回波高度法及 F/B_F 法。在探测得缺陷最高回波 F 的同时,又测得此时此处的底面回波高度 B_F,则可用 F/B_F 来表征缺陷。这种方法无需对比试块。

④缺陷延伸度定量评定法。当波束中心线与缺陷面正交时,回波最高。因而测出探头在缺陷正面移动距离与回波高度变化的关系,即可推定缺陷的延伸度。

(4)缺陷检测过程的框图。缺陷检测过程中,首先要用不同的缺陷对检测系统进行标定,标定过程可以首先在实验室内进行。将具有不同类型、不同程度缺陷的管道试件作为标准缺陷,在实验室内进行漏磁与超声检测,将信号进行滤波、傅里叶变换、小波变换等数字信号处理方法,发现信号特征,并输入专家系统数据库;或者用来对神经网络进行训练,其过程框图如图 8-5 所示。

在工程实际检测中,对未知缺陷管道的检测信号,进行滤波、傅里叶变换、小波变换等数字信号处理方法,发现信号特征,根据专家数据库来对缺陷做出判定,或者利用训练过的神经网络来判断缺陷的位置与程度。在判断缺陷维修后,维修过程中还可以对实际缺陷进行核实,实际缺陷的数据可以与检测数据一起用来完善专家数据库或用来重新训练神经网络,其过程如图 8-6 所示。

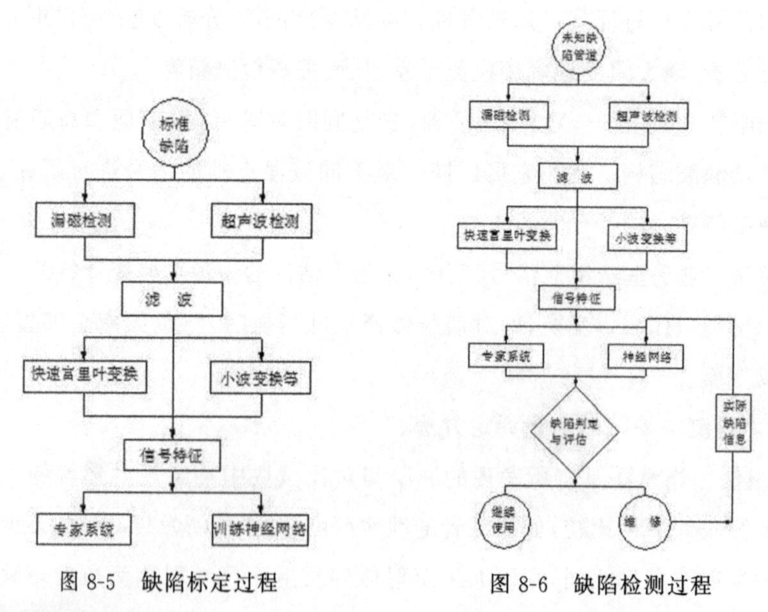

图 8-5 缺陷标定过程

图 8-6 缺陷检测过程

4.涡流检测技术

海底管道在线涡流检测技术(ET)是利用智能检测器所带的涡流传感器,不断向管内壁发射电磁信号，根据电磁感应原理，测定被检工件内感应涡流的变化，检测出管道内壁的裂纹、腐蚀减薄和点腐蚀等。

图 8-7 为涡流检测的基本原理，当载有交变电流的检测线圈靠近导电体时，由于线圈磁场的作用，导电体中将会感生涡流（其大小等参数与导电体中的缺陷等有关），而涡流产生的反作用磁场又将使检测线圈的阻抗发生变化。因此，通过测定探测线圈阻抗的变化，可以判断被测物有无缺陷存在。

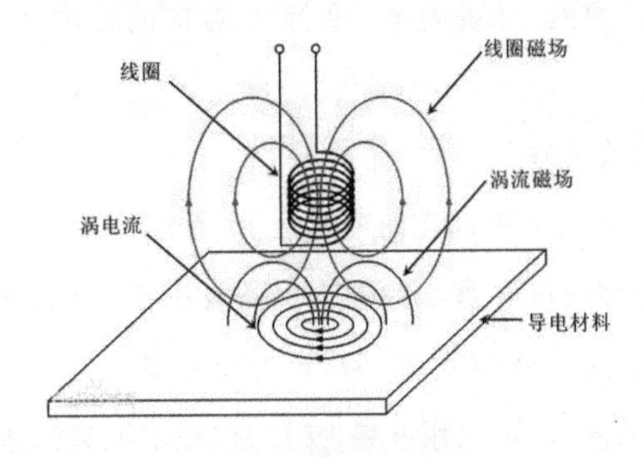

图 8-7　涡流检测原理

涡流检测技术的特点为：

(1)对导电材料表面和近表面缺陷的检测灵敏度较高。

(2)检测线圈不必与被检材料或工件紧密接触，不需耦合剂。

(3)在一定条件下，能反映有关裂纹深度的信息。

(4)可在高温、薄壁管等情况下实施检测。

(5)检测形状复杂的缺陷效率低，难以区分缺陷的种类和大小。同时，温度和探头的提离效应、裂纹深度以及传感器的运行速度等因素都会影响到涡流检测的精度。

8.2　海底管道的维修

海底管道的维修主要包括两个方面，即海底管道的修复和海底管道的更换。海底管道维修的主要目标是通过对海底管道的维修操作(管道修复、管道更换或管道系统中其他部分的维修)，使管道系统达到规定和要求的安全水平，使维修后的管道系统性能不低于设计性能或至少能满足降低工作条件至某个程度后的运行安全要求。

8.2.1 海底管道修复技术

修复可在水下进行，为了取得较佳的维修效果，最好是提升到水面上修复。根据缺陷或破损类型，可采用钢维修套修复、外卡修复、管箍或套筒修复等方法修复，主要是对泄漏部位夹紧后将泄漏部位封堵起来。这些不切割、不更换管道的维修方法都是先安装止漏装置，通过焊接、填充材料、摩擦力或其他核准的机械方式进行止漏和密封。

1.管道敷设状况和管跨修复

管道在沿管道敷设方向上出现几何形状改变、管道出现不利的海底敷设状态都需要进行处理，超过了允许长度和跨高的管跨也需要进行校正。改善管道敷设状态，进而减少或消除管道悬空的方法有支撑、回填、加重及其他方法。当管道底部悬空(≤1m)时，对冲刷不严重的场合，可采用沙袋、灰浆袋(或水泥袋)、举升垫或机械装置支撑管道；对冲刷较为严重的情况，采用一些特殊的材料(如石料)填在管道和海底的间隙之间，以保护整个悬空段，并可抑制现有悬空段的侧向摆动。如果管道跨度大、悬空段比较长，则可用加压载块的方法把管道压在海床上。图 8-8 为我国舟山海流冲刷比较严重的海域，采用沙袋填压、再用土工布绑缚水泥块覆盖于管道上的方法，来治理管道的悬空问题。其他修复方法包括用桩稳定管道、重新挖沟埋管、在管道自由跨度的两端挖沟开槽等方法，降低消除管道的悬空。

图 8-8　海底管道悬空治理的覆盖压块

2.管道保护层、加重层和阴极损伤的修复

如果管道外防腐层遭到破坏，最好把管道吊到修理船上修复，但吊到修理船上修复一般仅用于浅水区域和小口径管道。对于破损的混凝土加重层，如果它具有加重和保护的双重作用，或者破坏面积比较大时，就需要进行维修。同样，修复混凝土加重层最好是把管道吊到修理船上，如果必须在水下修复，则应使用水下不分散的混凝土。对于牺牲阳极方式的阴极保护系统，当测量结果不在正常范围内时，证明阴极保护系统不充足，则应考虑修复、替换或调整阴极保护系统，安装附加的阳极，并清除管道及附近的岩屑和废弃钢铁等物。

3.沟槽和裂纹等损伤的修复

对于管道表面的沟槽、凿槽、裂纹、凹坑、切痕等损伤，如果损伤不是很严重，可以通过打磨的方法，用锉刀将损伤部位锉平即可。对于沟槽、凿槽、裂纹、凹坑、切痕较深的情况，则需要采取另外的修复方法。这些方法与下面介绍的管道小泄漏的修复方法类同，如采用管箍或套筒修复等。

4.管道穿孔泄漏的修复

管道泄漏情况大体上可以分成三类。①由局部腐蚀或焊接缺陷等造成的局部损坏，如小孔或小裂纹导致管道泄漏。②局部损坏，如较大面积的严重腐蚀、船锚钩挂等造成管道泄漏，这是造成管道泄漏的一种常见的情况。③在相当长的管段上出现大范围损坏。第一类管道泄漏情况可称为小泄漏，这种情况下一般可采用修复维修方法。第二类和第三类管道泄漏可能造成大的泄漏事故，需要用长管段替换已损坏的部分。

8.2.2　海底管道更换技术

1.机械连接法

机械连接法更换管道包括机械连接器维修、法兰连接器维修、水下机械式三通修复等。

用机械连接器对损坏管段进行更换是海底管道更换维修中常采用的方法。这种方法一般不将管道提升到水面，也不需进行水下焊接，而是用专用设备在水下将破损管段切掉，然后用机械连接器将替换管段与原管道连接好。机械连接器包括一系列管端固定和机械密封构件，是可以进行长度调节和角度调节的水下管道修复设备。机械连接器可分夹套式和压接式 2 种，如图 8-9 和图 8-10 所示。

图 8-9　夹套式连接器

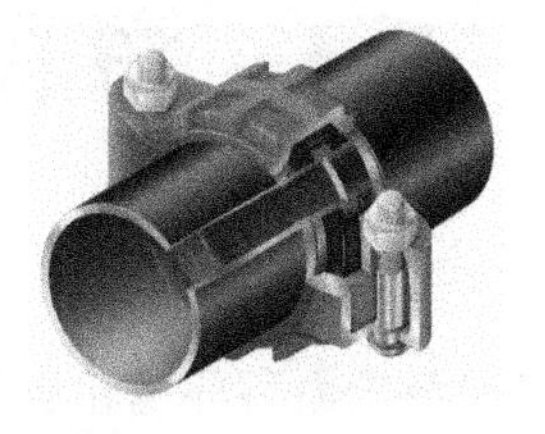

图 8-10　压接式连接器

法兰修复是利用原有的法兰或切除破损段后在管端安装特种法兰，在中间短节两端用旋转法兰或球法兰进行连接。用法兰连接器修复管道的优点是可以降低对法兰连接器端面与原管轴线垂直度的要求，但是安装后在压力试验时可能会泄漏。

2.焊接法

焊接是管道施工和维修中运用频繁的一项操作,包括水面焊接和水下焊接。水面焊接需要停输管道;水下焊接一般也要在管道停输的情况下实施,特殊情况下,水下焊接修理也可以在管道运行时实施。焊接维修的一般过程是检查管道和勘查管道周围情况,编制合理的管道修理程序;进行管段清理,切割管段并回收损坏的管段,将管道提升到水面以上或海底以上所要求的位置,清理、定位好管端;实施焊接,焊上新的管段;焊接检查,进行其他必要的操作(如涂层、防腐等);重新敷设管段。焊接完成后,应通过目测和无损探伤检查,必要时还需要对修理部分进行压力试验。

水面焊接修复受管道直径和水深的限制,适用于小直径管道和浅水区域的管道安装和修复。水面焊接通常是一种常压焊接,可得到较好的焊缝质量。常压焊接还可在水下的常压舱室内进行,当不能在水面对管道实施焊接修复时,可以采用水下常压焊接方式,这时就需要一个水下焊接室以及其他辅助设备。除了水下常压焊接外,还有一种应用广泛的被称为水下干式高压焊接的水下维修技术,这种焊接技术将一个水下作业舱放到需要更换的管段上,用压缩空气将作业舱中的水排出,形成进行修复的"无水"环境,把管道控制在干环境中进行修复,能达到较高的修管质量。

3.复壁管的修复

由于复壁管结构不止一层管道,所以修复包括内管修复和外管修复。内管的修复需要先把外管移除,修复方法与单壁管相同,主要有钢维修套法和机械连接器法。对于外管,如果替换管段的长度小于水下作业舱的长度,则可以采用高压焊接法。如果替换管段的长度大于水下作业舱的长度,则不宜采用高压焊接法。开启式维修套可修复外管,但难以抵抗由于内管受热膨胀而产生的轴向拉伸荷载,如果向开启式维修套的环形空间内注入砂浆,则能使荷载从外管传递到开启式维修套上,从而提高管道轴向强度,保护内管不弯曲和受到破坏。

8.3 海底管道的腐蚀

腐蚀是指金属材料表面和环境介质发生化学和电化学作用,引起表面损伤或晶格破坏等现象和过程。当海底管道受到腐蚀后,管壁厚度变薄,即便是局部变薄,也会使管壁强度降低或造成应力集中,严重时造成管壁穿孔、破坏等泄漏事故,使管道不能正常工作。对于海底管道来说,泄漏会导致海洋污染事故。所以在海洋环境中对金属管道腐蚀的严重性和防腐的重要性必须有足够的认识。

海底管道的腐蚀与输送介质及环境因素有关，在海洋环境中引起腐蚀的因素很多，如海洋大气盐分、温度、湿度、光照、海水盐度、含氧量、氯离子含量、海洋生物、海上漂浮物、海流及海浪的冲击、流沙、土壤中细菌等，都不同程度地影响钢管的腐蚀。

8.3.1　海洋腐蚀区的划分

按照海洋环境影响金属腐蚀因素和腐蚀速度不同，通常把海洋腐蚀划分为以下不同的区域：

(1)海洋大气区。指最上部海浪达不到的区域，也就是浪溅区以上的区域。这个区域钢的腐蚀主要是由于大气中氯离子含量和温度较高造成的，腐蚀速度是陆上大气区的 2 倍，但在海洋各区中是腐蚀最轻的区域。

(2)浪溅区。指天文潮高潮位以上至 50 年一遇波高$\frac{2}{3}$的区段。这个区段钢材的腐蚀主要是由海浪冲击所引起，腐蚀速度比陆上快 10 倍，是腐蚀最严重的区域。

(3)潮差区。指天文潮高、低潮位之间的区段，这里钢的腐蚀主要是干湿交替和海洋微生物所造成的，腐蚀不如浪溅区严重。

(4)全浸区。低潮位以下至海底泥面以上，长期被海水浸泡的区域。这里钢腐蚀的主要原因是海水和海洋生物的作用。最低潮位以下至 50 年一遇波高$\frac{1}{3}$的区段，腐蚀较严重，往下腐蚀速度减缓。

浪溅区和潮差区之间没有明显的界线，在浪溅区上部(低潮位以下至 50 年一遇波高$\frac{1}{3}$的区域)腐蚀比较严重，潮差区腐蚀不如这些区段，但是防腐结构处理上，一般把浪溅区、潮差区和全浸区上部放在一起考虑，统称为飞溅区。

(5)海底土壤区。指海底泥面以下的区域，钢材在该区只受海底土壤的腐蚀。土壤腐蚀是一种电化学腐蚀，溶解有盐类和其他物质的土壤水则是电解质溶液。在泥面附近由于受海水的影响，其含量相对海底土壤中要大，所以在泥面附近的腐蚀比全浸区和土壤区要更严重些。

钢材在海洋环境中的腐蚀速度差别很大，在飞溅区的材料腐蚀最为严重。

8.3.2　海底管道的腐蚀

海洋金属管道的腐蚀包括内腐蚀和外腐蚀。

1.金属管道的内腐蚀

金属管道的内腐蚀是指金属管道内表面的腐蚀，一般发生在油水混输、油水交替输送管道，特别是含硫的油、气管道及输送含油的污水的管道内腐蚀较严重。内腐蚀的主要原因有以下几种：

(1)氧和水的腐蚀。海洋金属管道，无论是输送或是建造过程中都不可避免地有水和氧进入，氧在金属管道内起活化剂的作用。水和氧对钢铁管道发生腐蚀。

(2)硫和细菌的腐蚀。硫、硫化物或硫酸盐还原菌的存在都会使腐蚀加重。硫酸盐还原菌往往附着在管道内壁的水膜中，利用输送流体中所含的硫酸盐得到衍生繁殖，在这样的细菌作用下硫酸盐被还原成硫化物，如硫化铁(FeS)等，又对金属管道内表面产生腐蚀。

为减少金属管道的内腐蚀，从工艺上对输送的介质——油(气)进行脱水、脱硫、干燥等是抑制腐蚀的积极措施。

2.金属管道的外腐蚀

金属管道的外腐蚀是金属在海洋环境中的腐蚀，包括海水腐蚀、大气腐蚀和土壤腐蚀，它是海底管道腐蚀的主要方面。这些腐蚀的共同点是基本部分属于电化学腐蚀。上述内腐蚀中提到的水和氧气的腐蚀是化学腐蚀，虽然引起管道内腐蚀的因素和条件同样也能引起管道外腐蚀，但对海底管道外腐蚀来说，化学腐蚀不是主要的，主要的是电化学腐蚀。

电化学腐蚀的机理是：当金属浸入电解质溶液时，金属与溶液之间就会产生电位差，此电位差称为电极电位，不同金属的电极电位不同，电位较负的金属失去电子成为带正电的金属离子而进入溶液；电位较正的金属接受电子并把电子传给溶液中溶解的氧分子，氧分子得到电子再与水作用生成氢氧离子(OH^-)，金属正离子与氢氧离子相遇生成氢氧化物，这个过程不断进行，电位较负的多属不断失去电子而被氧化，金属就这样一层一层被腐蚀。这种电化学腐蚀的原理与熟知的干电池相似，所以叫腐蚀原电池。

按腐蚀原电池的原理，放在导电介质中的是两种不同金属，才发生电化学腐蚀，而实际上一块钢板在导电介质中也会被腐蚀。这是由于在自然界中没有绝对纯的金属，金属都不同程度地含有杂质，况且常用的金属材料都是多种元素组成的。海洋金属管道大多是铁碳合金，不仅含铁碳等元素，还含有各微量元素和杂质，其中铁元素与杂质相互接触而且电位不同，当管道在导电介质中时，它们就会形成无数个微小的腐蚀电池，引起电化学反应，使管道表面形成不均匀腐蚀。这种不均匀腐蚀的加剧会形成更大的腐蚀电池，从而使金属管道腐蚀更加严重。

综上所述，腐蚀原电池的反应过程包括三个部分组成：

(1)在阳极，金属失去电子成为金属离子进入溶液，这个过程是失去电子的过程，叫阳极过程，它意味着金属溶解被腐蚀。

(2)电流的流动，在金属中，电子由阳极流向阴极，即电流由阴极流向阳极；在溶液中,电流的流动是离子的移动。

(3)在阴极,由阳极流来的电子被溶液中能够吸收电子的物质接受。

腐蚀电池的阴、阳两极的电位差,对腐蚀速度有很大影响。实验证明,当阴、阳极接通后,阴极的电位向负方向移动称为阳极极化。这种现象的结果使阴极与阳极之间的电位差迅速降低,腐蚀电池产生的电流随着减小,从而减缓了腐蚀速度。如果没有极化作用,金属的腐蚀将会很大,所以有效地利用极化作用是阻止金属腐蚀的重要手段。而在有些情况下,电极的极化现象可以清除或减弱。例如搅动溶液能加快阳极的反应过程,这种现象叫去极化。在海上风、浪、流剧烈地搅动海水,起着去极化的作用,使金属腐蚀大大加快。金属管道在海洋环境中的腐蚀基本都属于氧去极化的作用。氧去极化腐蚀是在阳极上失去的电子流向阴极并进行金属的溶解,空气中的氧进入海水到达阴极,在阴极上与电子结合生成氢氧离子。

金属在海水、大气及海底土壤中的腐蚀又各有特点。

(1)海水腐蚀。海水的特点是含有多种盐的总量约 3%。海水中含盐的总量以盐度表示。盐度系指 1000 克海水中溶解固体盐的总克数。海水盐度差别较小,一般在 32‰～37‰,所以金属在各海区的腐蚀速度差别不大。

(2)大气腐蚀。海洋大气与普通大气不同,由于海水的蒸发使海洋大气中含有较多的水分,而且还含有大量盐分(主要是 NaCl),位于海洋大气中的金属,在表面就形成一层很薄的含盐膜。含盐水膜就成了导电性较强的电解质溶液,所以金属在海洋大气中的腐蚀比在普通大气中严重得多。

(3)土壤腐蚀。金属在海底土壤中的腐蚀是较严重的。最严重的部位是海底土壤与海水交界处,有些受到腐蚀的铸铁管,甚至可以用手折断。含盐的海水会渗到土颗粒间的孔隙中,在土壤孔隙中流动。这样溶解有盐类和其他物质的土壤水就成了电解质溶液,从而造成了电化学腐蚀的条件,所以海底土壤中的腐蚀也是电化学腐蚀。

8.4　海底管道的防腐措施

海底管道的防腐系统一般要求在全浸区和大气区应采用外涂层防护,在全浸区的海底管道通常还用牺牲阳极进行阴极保护,在飞溅区立管应用特殊的防腐措施,通常还与腐蚀裕量结合考虑,对输送有腐蚀性介质的海底管道要进行内防腐设计。在考虑管壁厚度时应留有腐蚀裕量。对于安装在 J 形管、套管中的立管,通常要求有特殊的防腐措施,应采取措施避免杂散电流的有害影响。

8.4.1 金属管道的内防腐

海洋金属管道的内防腐是用于降低管道和立管内表面腐蚀破坏的措施。对于输送有腐蚀性油、气的管道都应进行内防腐。

金属管道的内防腐除可用脱水、脱氧、脱硫等抑制输送介质的腐蚀性，减轻对金属管道的腐蚀外，还可采用下列方法：①使用各种阻蚀剂（缓蚀剂）；②设计时留有腐蚀裕量；③使用内涂层，将管壁与介质隔离；④采用耐腐蚀合金或内衬等。根据输送介质的特性和环境条件，可分别或同时采用其中的一种或几种内防腐措施。

1.使用缓蚀剂

在腐蚀介质中添加少量物质，可以显著地阻止或减缓金属腐蚀速度。这些物质被称为缓蚀剂。缓蚀剂加入量都很少，一般添加量在0.1%～1%之间就可起到保护金属的作用。缓蚀剂的保护效果用缓蚀率 Z 表示。

$$Z=\frac{K_0-K}{K}\times 100\%$$

式中，K_0——未加缓蚀剂的金属腐蚀速度；

K——加缓蚀剂后的金属腐蚀速度。

Z 达到90%以上就是良好的缓蚀剂。缓蚀剂的种类很多，按缓蚀剂的化学成分，可分为无机缓蚀剂和有机缓蚀剂；按介质状态、性质要分为液相缓蚀剂和气相缓蚀剂。

对输送含硫的油、气金属管道，我国专门研制了抗硫化氢腐蚀的缓蚀剂，例如咪唑林、蓝4-A等有机缓蚀剂，其缓蚀率都在90%以上。

2.用涂料控制内腐蚀

用于海底管道内防腐的涂料包括液体涂料和固体涂料。

（1）液体涂料。作为钢管衬里的液体涂料必须同时具有防腐和耐磨性。国产内防腐的液体涂料主要有8511耐磨防腐涂料、8701环氧树脂涂料，H87环氧耐温防腐涂料、氯磺化聚乙烯防腐漆和玻璃鳞片防腐涂料等。

（2）固体涂料。主要是用环氧粉末和聚乙烯粉末涂料。环氧粉末与金属附着力强，机械强度高，防水抗渗性好，耐细菌腐蚀、化学腐蚀的性能好。近年来各国相继用环氧粉末作管道内衬，它不仅有良好的防腐性能，更重要的是使管道内表面光滑，减少摩阻，增加输送量。在原油管道中涂环氧粉末还能降低结蜡速度。

3.用砂浆涂层防腐

用于内防腐的砂浆涂层包括水泥砂浆和环氧砂浆，这两种砂浆主要用于输水管道。涂层厚度一般为5mm。砂浆涂层常用的施工方法有离心法、喷涂法和风送法。离心法和喷涂法与涂装液体涂料类似。风送法是在安装好的管道内装入水泥砂浆，在砂浆后面装涂抹器，然后用压缩空气推动涂抹器前进，从而推动砂浆，在管道内壁形成砂浆内衬。

8.4.2　金属管道的外防腐

海底管道的外防腐是金属管道防腐的主要方面。防腐的基本方法包括：外涂层或防腐包覆层的一次保护和电化学阴极保护的二次保护。这两种保护方法并用可达到较好的防腐效果。

1.各腐蚀区的外防腐涂层

海底管道的外防腐涂层包括管道本身、现场接头及支承件的涂层。由于海底管道(包括立管)位于海洋的不同腐蚀区，而各区的腐蚀性不同，所以防腐涂层结构也有所差别。

(1)海洋大气区的防腐。此区主要是涂料防腐，其底漆、面漆为环氧树脂漆、氯磺化聚乙烯防腐漆、聚氨酯弹性防腐漆和环氧煤沥青防腐漆，一般涂层厚约 30μm。另外还可使用固体防腐涂料—环氧粉末涂料，它可不加底漆。

近年来国外研究一种石蜡防腐胶带，不需加底漆，也不需对钢管表面进行严格除锈。

(2)飞溅区的防腐。该区腐蚀严重，特别是浪溅区和低潮位以下 1m 左右腐蚀最为严重。美国腐蚀工程协会 RP-01-76 标准规定的防腐方法有包裹 400 号蒙乃尔合金(1.02mm)；覆盖氯丁橡胶(6～13mm)；涂覆含砂聚合树脂(5mm)和涂装防腐涂料(250～500*μm*)等。

英国防腐标准 *BS*5493 规定的防腐方法包括：富锌底漆 75*μm*，氯化橡胶或乙烯树脂面漆总厚度 475μm；不加底漆的环氧煤焦油防腐漆总厚度 450μm；环氧底漆 35μm，氯化橡胶或乙烯树脂总厚度 440μm 等。

挪威 DNV 规范飞溅区的防腐方法是安装耐腐蚀的金属护套或硫化橡胶。此外，立管要求留有腐蚀裕量。表 8-1 列出了立管腐蚀裕量与操作温度的关系。

表 8-1　立管腐蚀裕量与操作温度的关系

温度/℃	腐蚀裕量/mm
＜20	2
20～40	4
40～60	6
60～80	8
80～100	10

当前我国在飞溅区的防腐除采用液体防腐涂料外，还用氯丁橡胶护套和玻璃钢护

套。氯丁橡胶的抗海水、油、臭氧、阳光以及抗衰老性、抗冲击性都很好,可与液体防腐涂料配合,也可与水泥砂浆、环氧砂浆涂料配合,作为飞溅区的防腐护套。

玻璃钢也具有良好的抗老化和抗冲击性能,也可作防腐护套。

(3)全浸区的外防腐。该区主要是涂装液体涂料和包覆聚乙烯。液体涂料要加无机富锌底漆,面漆有环氧树脂漆、氯磺化聚乙烯防腐漆、聚氨脂弹性防腐涂料及环氧煤沥青防腐漆。包覆乙烯主要有挤出聚乙烯和缠绕聚乙烯胶带,也可用水中固化涂料。

(4)海底土壤区的外防腐。该区主要采用玻璃布增强防腐、包覆聚乙烯和涂装固体防腐涂料。玻璃布增强防腐包括缠绕沥青玻璃布和环氧煤沥青玻璃布。包覆聚乙烯主要有缠绕聚乙烯胶带和挤出聚乙烯(黄夹克)。固体防腐涂料主要是环氧粉末。

2.沥青防腐层

目前虽然已开发多种高防腐性能的材料,但由于石油沥青材料来源广、成本低,所以至今仍将沥青作为埋地管道防腐的主要材料。对于海底管道,沥青防腐适合于管道的登陆段,沥青防腐层采用沥青加玻璃布结构。沥青和玻璃布的层数由防腐等级确定,如表 8-2 所示。海底管道采用"五油四布"(五层沥青,四层玻璃布)的特强防腐层结构,厚度达 7～8mm。

表 8-2　防腐涂层等级与涂层结构

防腐涂层等级	防腐涂层结构	每层沥青厚/mm	涂层总厚/mm
普通防腐	沥青防腐—沥青—玻璃布—沥青—玻璃布—沥青—聚氯乙烯工业膜	≈1.5	≥4.0
加强防腐	沥青底漆—沥青—玻璃布—沥青—玻璃布—沥青—玻璃布—沥青—聚乙烯工业膜	≈1.5	≥5.5
特级防腐	沥青底漆—沥青—玻璃布—沥青—玻璃布—沥青—玻璃布—沥青—玻璃布—沥青—聚乙烯工业膜	≈1.5	≥7.0

3.防腐包覆层

防腐包覆层是用防腐胶带或防腐材料包裹在钢管上形成的防腐层。防腐包覆层有以下几种:

(1)脂肪酸盐绷带外加玻璃钢保护套。

(2)石蜡油防腐胶带。

(3)聚乙烯包覆层(又称黄夹克管)。由于黄夹克管具有寿命长、耐冲击、电性能好、吸水率低和使用温度范围广等特点,所以它发展快、应用广。

我国已研制成功聚乙烯包覆成型技术,其工艺流程如图 8-11 所示。

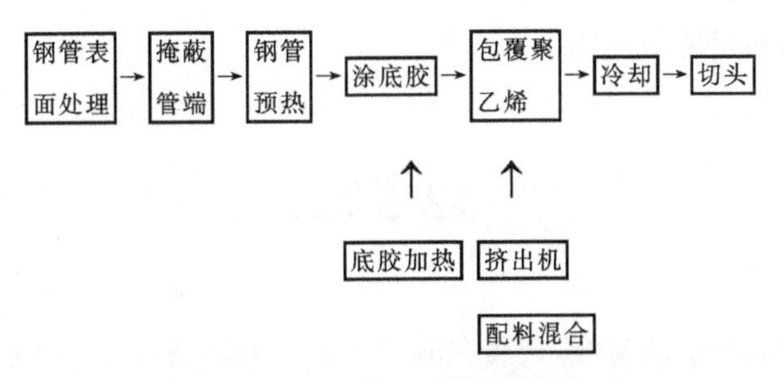

图 8-11　聚乙烯包覆成型工艺流程

4.电化学阴极保护

电化学腐蚀是海底管道外腐蚀的主要形式，在防腐上用阴极保护法配合涂层防腐在实践应用上已得到较为满意的效果。对金属管道的外防腐一般用牺牲阳极保护作为二次保护。

电化学阴极保护法是通以电流的保护方法，可有效地将被保护金属管道全部处于阴极地位，使其在阴极极化作用下受到保护，而处于阳极的金属失去电子遭到腐蚀。

阴极保护可以通过两种途经实现。

(1)牺牲阳极。利用比被保护金属管道的电位更负的金属或合金制成阳极，使它在导电介质失去电子，成为金属离子进入溶液而被腐蚀，金属管道得到电子而受到保护。通常以锌(Zn)、铝(Al)、镁(Mg)等活泼金属元素及其合金作为阳极材料。这种方法叫作牺牲阳极的阴极保护。

(2)外加电流的阴极保护。将被保护的金属管道接至直流电源的阴极，把电源的阳极接到作为阳极的金属材料上。电流通过时，金属管道在电解质中的电极电位将比其自然电位要低，所通过电流密度愈大，电位变低的程度也愈大。当达到保护电位时，金属管道就得到防腐保护。如电流密度继续加大，电极电位继续变得更低，就会出现过保护现象，从而使管道上的防腐涂层破坏。所以用外加电流的阴极保护时，要有自动调控电位的恒电位仪。外加电流法中作为阳极的金属也会有些牺牲，但管道防腐保护不是靠牺牲阳极，而是靠所加负电位，这种阳极是一种辅助阳极，要求其本身稳定，不受介质腐蚀、导电性好、机械强度好、易加工、价格经济等，在我国大多采用高硅铸铁。

8.4.3　塑料管的应用

使用塑料管输气和输水，在国外已获得广泛应用。它具有节省钢材、不怕腐蚀、表面光滑、阻力小、导热系数低(仅为钢的 1/300)、适于冬季输送且安装费用低等优点，国外应用塑料管无论在生产技术上还是应用技术上都比较成熟。美、德、日、英、法、俄等国都先后制定了国家标准，国际标准化组织也制定了部分塑料管国际标准。现在聚乙烯管道最大直径可达 1600mm，近年来各国都在研制高分子量级高密度聚乙烯树脂管材，以提高耐疲劳和耐冲击性能。

思考题

(1)什么是海底管道的腐蚀，金属在海洋环境中的腐蚀可分哪些区？不同区域造成腐蚀的主要因素是什么？分别采取哪些防腐措施？

(2)什么叫电化学阴极保护，可分几类？常用的电化学阴极保护是什么方法？

参考文献

[1]杨明华. 海洋油气管道工程[M]. 天津:天津大学出版社，1994.

[2]中国船级社. 海底管道结构分析指南[M]. 北京:人民交通出版社，2006.

[3]中国船级社. 海底管道系统规范[M]. 北京:人民交通出版社，1992.

[4]段梦兰. SUT 水下技术和深水工程国际会议论文集[C].北京:石油工业出版社,2012.

[5]挪威船级社. 海底管道系统规程[M]. 北京:石油工业出版社，1985.

[6]白勇. 海洋立管设计[M]. 哈尔滨:哈尔滨工程大学出版社，2014.

[7] Svein Saevik. Naiquan Ye: Aspects of Design and Analysis of Offshore Pipelines and Flexibles[M]. 第 1 版.成都:西南交通大学出版社，2015.

[8]安德鲁 C.帕尔默,罗杰 A.金.海底管道工程[M].第 2 版. 梁永图,译.北京:石油工业出版社，2013.

[9]王建丰，郑莉. 海底管道漏磁内检测技术与装备[M]. 北京:科学出版社，2017.

[10]方华灿. 海洋石油工程[M]. 北京:石油工业出版社，2010.

[11]海洋石油工程设计指南编委会. 海洋石油工程海底管道设计[M]. 北京:石油工业出版社，2007.

[12]王增国. 海底管道内检测作业方法[M]. 北京:科学出版社，2017.

[13]赵天奉. 海底管道的热弹性与热屈曲[M]. 北京:石油工业出版社，2014.

[14]海底管道规格书编委会. 海底管道规格书[M]. 北京:中国石化出版社，2013.

[15]王立权. 深水起重铺管作业动力学分析与视景仿真[M]. 哈尔滨:哈尔滨工程大学出版社，2016.

[16] Metairie，Louisiana. Assessment of Deep Water Pipeline Repair in the Gulf of Mexico[R] . Final Report，Project Consulting Services，Inc，2000：14－64.

[17] Brown R J. Deepwater Pipeline Maintenance and Repair Manual [M]. Houston，Texas，1992：103－105，143－150.

[18]LI Xin，LIU Ya-kun. Experimental Study on Free Spanning Submarine Pipeline Under Dynamic Excitation[J].China Ocean Engineering ，2002(04).

[19]李明高. 基于水动力模型的海底悬跨管道地震反应分析[D]. 大连:大连理工

大学，2010.

[20]何勇，龚顺风，金伟良. 考虑几何非线性海底悬跨管道随机振动分析方法[J]. 工程力学，2009(10).

[21]CHEN Yan-fei，ZHANG Juan etc. Ultimate Load Capacity of Offshore Pipeline with Arbitrary Shape Corrosion Defects[J].China Ocean Engineering，2015(2).

[22]陈严飞，张娟，张宏，等. 考虑应变强化效应海底管道极限承载力研究[J].船舶力学，2015(04).

[23]王猛，孙国民. 荔湾3-1外输海底管道中落管抛石技术[J]. 海洋工程，2015(3).

[24]邢静忠，柳春图，徐永君. 埋设悬跨海底管道的屈曲分析[J]. 工程力学，2006(2).

[25]高喜峰，谢武德，徐万海. 多跨海底管道横流向涡激振动预报模型[J]. 海洋工程，2016(02).

[26]张宗峰. 海底管道在位稳定性研究[D]. 天津：天津大学，2016.

[27]张剑波，袁超红. 海底管道检测与维修技术[J]. 石油矿场机械，2005(5).

[28]刘锦昆. 浅海海底管道悬空段防护技术研究及应用[D]. 青岛：中国石油大学(华东)，2014.

[29]原文娟. 基于屏障的在役海底管道量化风险评价技术研究[D]. 北京：中国地质大学，2014.

[30]邵剑文. 海底管道的健康监测系统与评估研究[D]. 杭州：浙江大学，2006.

[31]胡军. 海底管道完整性管理解决方案研究[D]. 天津：天津大学，2012.

[32]丁鹏. 海底管线安全可靠性及风险评价技术研究[D]. 青岛：中国石油大学，2008.

[33]王雷. 海底管道悬空检测及治理技术研究[D]. 青岛：中国石油大学(华东)，2014.

[34]田英辉. 单重保温海底管道理论分析及试验研究[D]. 天津：天津大学，2007.

[35]邵剑文. 海底管道的健康监测系统与评估研究[D]. 杭州：浙江大学，2006.

[36]程栋栋. 复杂条件下海底管线与土相互作用研究[D]. 天津：天津大学，2009.

[37]陈天璐. 海底管道传感器阵列损伤信息的提取和融合研究[D]. 上海：上海交通大学，2007.

[38]张琦. 大容量高保真海底管道超声检测数据处理技术研究[D]. 上海：上海交通大学，2011.

[39]Mo useselli A H.海底管道设计分析及方法[M]. 北京：海洋出版社，1984.

[40]马肇援. 海底管道维修技术设备[J]. 油气田地面工程，2001，20(3)：11—13.

[41]魏中格，齐雅茹. 海底管道维修技术[J]. 石油工程建设，2002，28(4)：30－32.

[42]侯涛，安国亭. 海底管道损伤的原因分析及修复[J]. 中国海洋平台，2002，17(4)：37－39.

[43]陈家庆，焦向东. 水下破损管道维修技术及其相关问题[J]. 石油矿场机械，2004，33(1)：33－37.

[44]Mark Burton. Options for deep water repair of pipes and flanges－Part I[J]. Pipes and Pipelines International，2001，46(3)：42－44，48.

[45]Mark Burton. Options for deep water repair of pipes and flanges－Part II[J]. Pipes and Pipelines International，2001，46(4)：31－34.

[46]张兆德，赵玉玲，韩清国. 基于弹塑性分析的海底管道拆除数值模拟[J].石油矿场机械，2008，37(1)：17－22.

[47]Zhaode Zhang，Dunqiu Fan，Yongtai Sun.Fault Detection in Sub－sea Pipelines Using Wavelet Transform Method[C]. The Proceedings of the Twentieth International Offshore and Polar Engineering Conference(ISOPE). 2010：109－114.

[48]李磊，张兆德. 海底管线悬空振动的研究现状[J].中国造船，2010，51(1)：13－17.

[49]Xing－lan Bai，Weiping Huang，Murilo Augusto Vaz，Chao－fan Yang，Menglan Duan. Riser－soil interaction model effects on the dynamic behavior of a steel catenary riser[J]. Marine Structures，2015，41(4)：53－76.

[50]Bai，Xinglan ；Murilo A.V. ；Morooka C.K.；Xie，Yonghe. Dynamic tests in a steel catenary riser reduced scale model[J]. Ship and Offshore Structures，2017，12(8)：1064～1076.

[51]白兴兰，黄维平，谢永和，等. 非线性管－土作业下钢悬链式立管触地区疲劳分析[J]. 工程力学，2016，33(3)：248－257.

[52]白兴兰，姚锐，李强. 深海 SCR 与海床相互作用试验研究进展[J]. 海洋工程，2014，32(5)：104～109.

索　引